품격있는
안전사회

품격있는 안전사회
❹ 생활안전 편

초판 1쇄 발행 | 2020년 7월 31일

저자 | 송창영

그림 | 문성준

펴낸이 | 최운형

펴낸곳 | 방재센터

등록 | 2013년 4월 10일 (제107-19-70264호)

주소 | 서울 영등포구 경인로 114가길 11-1 방재센터 5층

전화 | 070-7710-2358   팩스 | 02-780-4625

인쇄 | 미래피앤피

편집부 | 양병수 최은기

영업부 | 최은경 정미혜

ISBN 979-11-970706-4-8 04500
ISBN 979-11-970706-0-0 04500 (세트)

품격있는
안전사회

④
생활안전 편

저자 **송창영 교수**

방재센터

지구상에 인류가 생존하면서부터 인류는 많은 재난을 겪으며 살아왔습니다. 인류가 쌓아 놓은 부와 환경도 끊임없이 닥쳐오는 각종 재난과 전쟁 등으로 인하여 소멸되거나 멸실되었습니다. 인류는 이것들을 재건하거나 사전 대비를 위한 생활을 반복하였다 해도 과언은 아닙니다.

한번 재난이 닥치면 개인은 물론 집단, 지역사회, 나아가 국가까지도 큰 영향을 끼치게 됩니다. 특히 지진, 태풍, 해일, 폭염 등의 자연재해는 매년 반복되고 있습니다. 이를 극복하기 위한 노력과 학습으로 어느 정도의 적응력을 키우기는 하였지만 자연 앞에서 인간은 한없이 연약한 존재에 지나지 않습니다.

우리의 기술이나 문명 등이 부족했던 시대에는 그저 일방적으로 당하기만 하는 숙명적인 삶을 살아왔습니다. 하지만 고대 시대에 이르러 조직적이고 체계적인 국가 차원의 예방 조치가 취해졌고, 재난을 방지하기 위해 많은 노력을 기울였습니다. 중세 시대에 들어와서는 화재에 관한 법률들을 제정하였고 건축물의 배치나 자재 등 다양한 방법을 통해 재난에 대한 대비를 하였습니다. 이처럼 인류는 고대 시대 이전부터 재난을 겪어 왔고, 이는 인류의 문명에 커다란 영향을 끼쳤습니다.

그렇다면 우리가 살아가고 있는 현대사회는 어떨까요?

지금도 마찬가지로 인류는 일상 속에서 안전한 삶을 영유하기에는 너무나 다양한 재난에 노출되어 있습니다. 지구온난화나 세계 각지에서 발생하는 기상이변으로 인하여 집중호우, 쓰나미, 지진 등의 대규모 자연재난뿐만 아니라 폭발, 화재, 환경오염사고, 교통사고 등 다양한 사회재난이 지속적으로 발생하고 있습니다. 이와 같은 다양한 종류의 재난은 심각한 인명 피해와 함께 상상 이상의 사회적 손실을 초래하고 있으며, 이는 한 나라의 경제나 사회 분야에 영향을 줄 만큼 점점 거대화되고 있습니다.

과거 농경사회에서는 주로 자연재난으로 인한 피해를 입었다면, 현대 산업사회와 미래 첨단사회에서는 사회재난이나 복합재난, 그리고 신종재난 등으로 인한 피해로 점차 변화하고 있습니다.

'재난은 왜 지속적으로 반복되고 있는가?'

이 질문이 항상 머릿속을 맴돌고 있습니다. 안전한 생활은 인간이 건강하고 행복한 삶을 누리기 위한 가장 기본 요소입니다.

본서는 남녀노소 누구나 이러한 재난에 대응하기 위하여 *자연재난 편*, *사회재난 편*, *생활안전 편*으로 분류하였고 올바른 지식과 행동 요령을 익혀 우리의 생활 속에서 위험하고 위급한 상황에 처하게 되었을 때 어떻게 대처하고 행동하는가에 초점을 맞추었습니다.

1. 생활안전에 대해 남녀노소 누구나 쉽게 이해할 수 있도록 만화로 표현하였습니다.

2. 생활안전은 가정에서부터 야외 및 스포츠 활동 시 발생할 수 있는 사고 대처 요령과 관련 지식 등을 재미있게 구성하였습니다.

3. 재난전문가의 쉽고 자세한 설명과 다양한 정보로 가정은 물론 기업과 관공서 교육 자료로도 활용이 가능합니다.

본서를 집필하는 과정에서 많은 도움을 준 여러 실무자 여러분께 진심 어린 감사를 표하며, 본 서적이 모든 국민들에게 도움을 주는 유익한 참고 자료가 되었으면 하는 바람입니다. 특히 정성을 쏟으며 이 만화를 그려 준 문성준 기획팀장과 (재)한국재난안전기술원 연구진과 함께 기쁨을 공유하고 싶습니다.

끝으로 부족한 아빠의 큰 기쁨이자 미래인 사랑하는 보민, 태호, 지호, 그리고 아내 최운형에게 조그마한 결실이지만 이 책으로 고마움을 전하고 싶습니다.

2020년 5월 (재)한국재난안전기술원 집무실에서 **송창영**

Contents ★ 차례

책 활용법

1. 생활안전을 만화로 알아봐요!
다양한 위기 상황을 그린 만화를 읽으면서 생활안전을 생생하게 체험해요.

2. 재난 대처 요령을 익혀요!
상황별 대처 요령을 익히고, 위급한 상황이 닥칠 때 유용하게 써 먹어요.

3. 재난 지식을 기억해요!
깊이 있는 지식을 다룬 재난 지식 노트를 읽으면서 생활안전에 대한 지식을 총정리해요.

① 가정안전

우리 아이들이 가장
사고가 많이 나는 곳은
어디일까요? 도로? 놀이터?
교실? 모두 아닙니다.

바로 가정에서 사고
발생이 가장 많았습니다.

2016년까지 최근 3년간
사고다발장소를 보면 주택이 무려 70%에
이르고 있다는 걸 볼 수 있습니다.

2014년~2016년 평균 상위 10개 사고다발장소

출처: 한국소비자원

(단위: 건, %)

장소	건수	비율
주택	52,344	69.7%
여가·문화 및 놀이시설	4,899	6.5%
교육시설	4,689	6.2%
도로 및 인도	2,972	4.0%
숙박 및 음식점	1,796	2.4%
스포츠/레저시설	1,539	2.0%
쇼핑시설	995	1.3%
주유소, 세차장, 편의점, 제과점, 미용실 등의 상업시설	648	0.9%
교통시설	356	0.5%
의료서비스 시설	275	0.4%

특히 영유아의 경우
대부분의 시간을 가정에서
보내기에 우발성 사고의
위험에 많이 노출되어
있습니다.

2014년~2016년 평균 발달단계별 주요 사고발생장소

장소	영아기 (1세 미만)		걸음마기 (1~3세)		유아기 (4~6세)		취학기 (7~14세)	
주택	6,212	91.6%	30,071	80.4%	9,955	61.3%	6,106	41.7%
여가·문화 및 놀이시설	34	0.5%	1,434	3.8%	1,701	10.5%	1,730	11.8%
교육시설	13	0.2%	1,267	3.4%	1,280	7.9%	2,129	14.6%
스포츠/레저시설	4	0.1%	150	0.4%	374	2.3%	1,011	6.9%

출처: 한국소비자원

그럼 발달 단계별로 어린이 사고 유형을 살펴보겠습니다.

2014년~2016년 평균 발달단계별 주요 사고유형

순위	영아기(1세 미만)	걸음마기(1~3세)	유아기(4~6세)	취학기(7~14세)
1	추락 (3,317건, 48.9%)	미끄러짐 · 넘어짐 (10,301건, 27.5%)	미끄러짐 · 넘어짐 (4,932건, 30.4%)	미끄러짐 · 넘어짐 (4,814건, 32.9%)
2	부딪힘 (898건, 13.2%)	부딪힘 (9,948건, 26.6%)	부딪힘 (4,017건, 24.7%)	부딪힘 (2,700건, 18.4%)
3	미끄러짐 · 넘어짐 (709건, 10.5%)	추락 (6,064건, 16.2%)	추락 (2,593건, 16.0%)	추락 (1,644건, 11.2%)
4	고온물질로 인한 위해 (508건, 7.5%)	눌림 · 끼임 (2,978건, 8.0%)	눌림 · 끼임 (1,400건, 8.6%)	베임 · 찔림 (1,258건, 8.6%)
5	이물질 삼킴/흡인 (350건, 5.2%)	이물질 삼킴/흡인 (2,892건, 7.7%)	이물질 삼킴/흡인 (1,046건, 6.4%)	실외활동 중 충돌 · 추돌 (979건, 6.7%)
6	눌림 · 끼임 (291건, 4.3%)	베임 · 찔림 (1,763건, 4.7%)	베임 · 찔림 (887건, 5.5%)	눌림 · 끼임 (850건, 5.8%)
7	식품섭취로 인한 위해 (252건, 3.7%)	고온물질로 인한 위해 (1,419건, 3.8%)	식품섭취로 인한 위해 (376건, 2.3%)	식품섭취로 인한 위해 (740건, 5.1%)
8	베임 · 찔림 (214건, 3.2%)	식품섭취로 인한 위해 (668건, 1.8%)	충돌, 추돌 등 물리적 충격(301건, 1.9%)	이물질 삼킴/흡인 (492건, 3.4%)
9	충돌, 추돌 등 물리적 충격(62건, 0.9%)	충돌, 추돌 등 물리적 충격(430건, 1.1%)	고온물질로 인한 위해 (244건, 1.5%)	동물에 의한 상해 (391건, 2.7%)
10	동물에 의한 상해 (33건, 0.4%)	동물에 의한 상해 (242건, 0.6%)	동물에 의한 상해 (162건, 1.0%)	고온물질로 인한 위해 (211건, 1.4%)

출처: 한국소비자원

이처럼 주택에서 발생하는 사고가 높으므로 어린이의 발달 특성과 사고가 발생하는 유형을 정확하게 이해해야 합니다. 또한 가정에 있는 시간이 많은 사회취약계층(고령자, 장애인 등)도 마찬가지입니다.

가정 안전사고를 줄이기 위해서는 안전교육은 물론 시설 등을 철저히 점검하여야 할 것입니다.

1-1 방과 거실에서

어서 들어와.

무슨 일인데 급히 오라는 거야?

어제 뭘 잘못 먹었나 봐. 화장실이 급한데 동생 봐 줄 사람이 없어서. 다행히 너희가 바로 위층에 살잖아.

집이 가깝다고 이렇게 부려 먹기야?!

근데 부모님은 어디 가셨어?

잠깐 급한 일이 있으셔서 나가셨어.

읔! 더 이상 못 참겠다.

내 동생 좀 잠시만 부탁할게.

그래 빨리 갔다 와라.

자~, 잠시 이 형아랑 놀아볼까?

아니, 금세 어디 갔지?

저, 저길 봐!

헤 헤

스 윽

안 돼!

츄아악

이리 내. 젓가락을 콘센트에 꼽으면 큰일 난단 말이야!

탁

응?

숙

아~

어머, 건전지를 먹으려고 해!

안전아!

아래층으로 내려간 지 한참 됐는데 올라오지 않아서 와 봤어.

그랬구나!

너 아니였으면 큰일날 뻔했어.

걸음마기인 만 1세부터 3세에는 신체 균형이 발달해서 신체를 스스로 조절하고 보다 안정적인 자세를 유지할 수 있어. 그리고 호기심이 많아서 주변 물건을 만지며 탐색하는데, 이때 안전사고가 많이 발생하지.

그렇구나!

2014년~2016년 평균 성별 및 발달단계별 사고현황

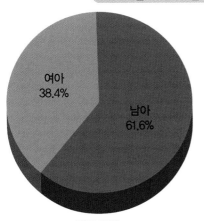

여아 38.4%

남아 61.6%

성별 현황

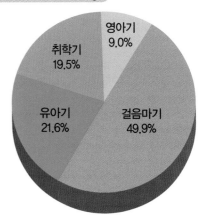

영아기 9.0%

취학기 19.5%

유아기 21.6%

걸음마기 49.9%

발달단계별 현황

출처: 한국소비자원

금세 잠들었군. 역시 내 동생은 날 닮아서 순하단 말이야.

고마워, 다음에 또 부탁할게!

저벅 저벅

쿨~ 쿨~

다시는 오나 봐라!

아, 시원하다. 어, 안전이도 와 있네.

네가 뭘 알겠어!

방과 거실에서

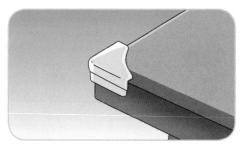

① 각진 가구 모서리에 아이들이 다치지 않도록 모서리 보호 덮개를 하고, 손발이 문에 끼이지 않도록 문 닫힘 방지를 설치한다.

② 자다가 아래로 떨어질 수 있으므로 보조 난간을 설치하고 침대는 아이들이 혼자 오르내릴 수 있는 높이여야 한다.

③ 칼, 가위, 연필 등 날카로운 도구나 약품 및 화장품 등은 어린이의 손이 닿지 않는 곳에 잘 보관하여야 한다.

④ 손가락을 선풍기나 난로에 집어넣지 못하도록 안전망을 씌우고 취침 시 선풍기는 반드시 시간을 맞춰 둔다.

⑤ 벽에 무거운 물건이나 시계 또는 액자 등은 걸지 말고, 만약 물건을 벽에 걸 경우 안전하게 걸려 있는지 확인을 한다.

⑥ 전선이나 장난감 등으로 바닥에 걸려 넘어질 수 있으므로 잘 정리해 두고 아이에게 항상 시선을 떼지 말아야 한다.

아이의 발달에 따라 조심해야 할 것을 챙겨 보세요!

❼ 쓰러질 위험이 있는 책상이나 가구는 벽에 고정하고 높은 곳에 받침대를 놓고 올라가지 않는다

❽ 아이가 장롱 안에 들어가지 않도록 하며, 열리는 서랍장은 잠금 장치를 단다.

❾ 어린이가 작은 자석 두 개 이상을 삼키면 장 사이에 자석이 서로 붙어 장천공이나 장폐색으로 사망할 수 있다.

❿ 테이블 아래로 쉽게 떨어질 수 있는 물건은 머리를 다칠 수 있어 올려놓지 말아야 합니다.

⓫ 다리미나 헤어드라이어 같은 전기용품은 사용이 끝나면 전원을 끄고 플러그를 빼서 어린이 손에 닿지 않은 곳에 보관한다.

⓬ 젓가락이나 쇠붙이 등으로 콘센트에 꽂는 장난을 금하며, 빈 콘센트는 항상 커버를 씌워 둔다.

재난지식 노트 ···

집 안 노인 안전사고,
예방이 중요합니다!

가정에서 많이 발생하는 노인 안전사고

2030년이 되면 우리나라 인구의 20% 이상이 65세 이상이 되는 '초고령 사회'가 될 것이라고 국제신용평가
사 무디스가 발표했습니다. 노인 안전사고는 점차 높아질 것으로 보이며 그에 따른 예방과 주의가 더욱 필요
한 시점입니다.
한국소비자원 발표에 따르면 2013~2015년까지 고령자 낙상 사고를 분석한 결과 72.1%가 주택에서 발생했
습니다. 그건 바로 신체적 기능 저하로 노인은 실외보다는 실내에서 활동하는 시간이 많기 때문입니다.
특히 노인의 낙상은 앉거나 일어설 때가 걸어 다닐 때보다 많았고 밤에 화장실을 다녀올 때 많이 생깁니다.
또한 약 복용으로 어지럼증을 느끼고 바닥에 넘어지는 사고도 빈번하게 발생하며, 시력 감퇴나 질환으로 앞
이 잘 안 보여 가구 등에 부딪히는 골절 사고도 발생할 수 있습니다.

노인 안전사고를 예방하는 방법 ☆ 꼭 기억하자!

출처: 한수원 블로그

❶ 바닥에 널려있는 전선으로 인해 넘어질 수 있으니 깔끔하게 정리한다.

❷ 미끄러운 양말과 슬리퍼는 거동에 불편을 주므로 가급적 착용을 하지 않는다.

❸ 바닥에 물이 생길 수 있는 싱크대 앞이나 화장실에 미끄럼 방지 매트를 깔아 놓는다.

❹ 전화를 쉽게 받을 수 있도록 잠자리 옆에 배치한다.

❺ 균형감을 떨어뜨리는 회전의자나 모서리가 튀어나온
가구는 사용하지 않는다.

❻ 부엌에 화재경보기나 가스누출경보기를 설치한다.

❼ 주택의 공공 현관이나 계단에 밝은 조명을 설치한다.

❽ 작은 글씨로 된 의약품 및 세제 등은 헷갈릴 수 있으
므로 큰 글씨로 적어 알맞은 곳에 둔다.

❾ 화장실 변기나 욕조 주변에 손잡이를 설치하여 넘어
지지 않도록 한다.

❿ 현관과 화장실 그리고 잠자리 가까운 곳에 '전등 스위
치'를 달아 놓는다.

어이쿠!

낙상을 예방하기 위한 근력운동

출처: 보건복지부, 대한의학회

앉아서 체조하기

(1) 발목 굽히고 펴기

앉은 상태에서 양손을 등 뒤로 바닥에 대고 무릎을 편 후 발목을 구부렸다 펴는 동작을 반복한다.

(2) 한쪽 발 들어 무릎 굽혀 펴기

한쪽 다리를 든 상태에서 무릎을 펴고 구부리는 동작을 반복하고 반대쪽 다리도 같은 동작으로 번갈아 반복한다.

(3) 양쪽 다리 들어 무릎 번갈아 굽혀 펴기

양쪽 무릎을 구부려 앉은 상태에서 가볍게 양쪽 다리를 들어 올리고 연속적으로 무릎을 굽혔다 펴는 동작을 한다.

(4) 발바닥 붙여 들어 올려 내리기

양쪽 발바닥을 마주 보게 붙이고 그 상태에서 들어 오리고 내리는 동작을 반복한다.

의자를 이용하여 체조하기

(1) 의자를 잡고 서서 뒷꿈치 들어 올리기

의자를 잡고 바르게 선 상태에서 양발을 모으고 뒷꿈치를 들어 올리고 내린다.

(2) 의자를 잡고 서서 무릎 굽히기

의자를 잡고 바르게 선 상태에서 양발을 모아 뒷꿈치를 들어 올리고 내릴 때 무릎을 구부렸다 편다.

(3) 한쪽 다리로 무릎 굽혀 펴기

한쪽 다리를 옆으로 들어 올리고 한발로 선 상태에서 지탱하는 다리의 무릎을 굽혔다 편다.

(4) 한쪽 다리 옆으로 올렸다 내리기

한쪽 다리를 들어 올려 잠시 멈췄다가 내린 후 양발을 번갈아 가며 올리고 내린다.

1-2 창문과 베란다에서

모두 기상! 기상!

탕 탕 탕

아침부터 왜 이리 시끄러워요!

끼익

자, 모두 밖의 날씨를 보렴. 미세먼지 없고 창문을 활짝 열어 대청소하기 딱 좋은 날씨 날씨잖아!

화악

아빠, 어제 공부를 너무 늦게까지 해서 피곤한데, 전 좀 빼주세요.

휘릭 휘릭

세상에, 아빠가 그런 줄도 모르고, 그럼 어서 더 자렴…

…이라고 말할 줄 알았지? 어림도 없는 소리! 어제 늦게까지 게임한 거 다 알고 있어!

헤 헤

너희들은 책상하고 책장, 창문을 깨끗이 닦아 놓으렴.

네….

네, 알겠어요.

아저씨, 전 뭘 하면 될까요?

그래, 안전이는 아주머니를 도와 드리렴!

네 알겠어요.

20

으~ 하기 싫어!

너 이렇게 대충 청소할 거야?!

상관 마, 내 책상 내가 청소하던 말던!

그렇다면!

어머 미안해라! 물을 쏟았네.

어설픈 연기 그만해. 누가 모를 줄 알아?

억지로 넘어트렸잖아!

이제는 책상 깨끗이 닦겠지.

어딜 도망가! 어서 치워야지!

여보, 장롱에 있는 이불 좀 털어주세요.

네 알겠어요. 먼지 하나 없이 털어 놓을게요!

난간 때문에 이불 털기가 좀 불편하네!

난간을 밟고 털어야겠다.

이제야 편하네!

좀 더 세게!

어~

어~

기우뚱

휘리릭

으악!

아빠!

타타닥

여보! 괜찮으세요? 무슨 일이에요?

아저씨!

SAFE

휴~~우! 다행이다.

엉

엉

여보, 나 하마터면 떨어질 뻔했어!

휴~

너희들 아니었으면 끔찍한 일이 발생했을 텐데…. 고맙다, 내 아이들!

이럴 때는 둘이 척척 마음이 맞네!

그럼요, 우린 쌍둥이잖아요.

크고 무거운 이불을 털기 위해 난간 위에 올라가거나 상체를 내밀어 털게 되면 무게중심이 난간 밖으로 쏠리면서 발뒤꿈치가 들리고, 회전력과 중력에 의해 추락할 수 있어 항상 조심해야 합니다. 베란다 난간이 배꼽보다 위에 위치하도록 하는 게 중요합니다.

어른들도 항상 조심해야겠구나!

아이들에게 발생하는 베란다 사고는 의자나 가구 등을 밟고 올라가 무게중심을 잃고 난간 밖으로 넘어가는 경우와 베란다 난간 살 사이로 머리를 내밀었다가 몸이 밖으로 빠져서 추락하는 경우로 나누어져요.

베란다 추락 사고를 방지하려면 난간 높이는 최소 120cm 이상, 난간 살 간격은 10cm 이하여야 합니다. 아이들은 머리가 크고 무거워 쉽게 균형을 잃을 수 있어 주의해야 합니다.

10cm이하

최소 120cm

창문과 베란다에서

① 창문이나 베란다 근처에 아이가 딛고 올라
갈 수 있는 책상, 의자, 침대 등 가구를 두지
않는다.

② 창틀에 호기심을 자극하는 물건이나 장난감
이 있으면 기어 올라가 사고가 날 수 있으므
로 물건을 두지 않는다.

③ 창문 블라인드 줄이 아이 목에 걸려 질식할
수 있으므로 아이 손이 닿지 않도록 한다.

④ 베란다에 아이 혼자 놀지 않게 하며, 창문이
나 베란다에 상체를 내밀지 못하도록 하며
잠금 장치를 하도록 한다.

⑤ 아파트나 높은 건물에서 이불을 털 때는 베
란다에서 털지 말고 바깥에 들고 나가 터는
것이 가장 좋다.

⑥ 난간이나 방충망에 힘을 가하면 떨어질 수
있다는 인식을 항상 가져야 한다.

재난지식 노트 ....

블라인드 줄로 인한 안전사고 ☆ 꼭 기억하자!

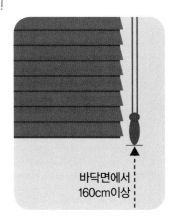

바닥면에서
160cm이상

아이가 블라인드 줄에 목이 감기게 되면 질식으로 사망할 수 있어 각별한 주의가 필요합니다.

우리나라에서도 2016년에 엄마가 잠시 화장실에 간 사이 4살짜리 어린이가 거실 블라인드 줄에 목이 감겨 숨지는 사고가 일어났습니다.

이런 사고는 우리나라뿐만 아니라 세계적으로 빈번하게 일어나고 있습니다.

사고를 예방하기 위해서는 블라인드 줄이 바닥면에서 160cm 이상의 높이에 위치할 수 있도록 하거나, 줄이 없는 제품을 사용하는 것이 좋습니다.

4가지 블라인드 줄에 따른 위험

출처: 미국 CPSC(소비자제품안전위원회)

① 당기는 줄

블라인드 줄이 아이 목을 두르거나 느슨한 줄이 고리 모양으로 엉켜있을 때 질식 위험이 있다.

② 비드 체인 고리, 나일론 줄

고정되지 않은 비드 체인에 아이의 목이 걸리면 질식의 위험이 있다.

③ 로만 쉐이드의 내부 줄

로만쉐이드 후면에 줄을 당겨 목에 두르거나 목을 천과 줄 사이에 넣을 경우 질식할 수 있다.

④ 롤업 블라인드 줄

늘어진 줄이 고리 모양이 되어 아이의 목에 엉키거나 줄과 블라인드 사이에 목이 들어갈 경우 질식 위험이 있다.

주방에서

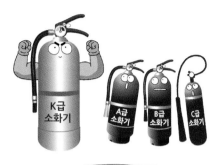

음~ 이 맛있는 냄새는 뭐지?

쿵
쿵

치이이익

내일부터 추석이라, 내일 시골에 가져갈 음식을 만들고 있어.

치이익

와~ 내가 좋아하는 새우튀김이잖아!

엄청 맛있어. 역시 새우튀김이 최고야!

허겁

지겹

다 먹으면 어떡해. 그만 좀 먹어!

먹은 만큼 오빠가 다시 새우를 튀기면 되겠네.

버럭

뭐, 뭐라고!

그거 좋은 생각이다. 나 잠시 마트에 다녀올 동안 새우 좀 튀기고 있어.

방긋

이게 무슨 꼴이야. 튀김이나 붙이고 있고.

치이익

이럴 때 엄마를 도와줘야지.

네? 불이 났는데 물을 부으면 꺼지지 않나요?

큰일 날 소리! 만약 식용유에 불이 붙을 경우 물을 부으면 뜨거운 온도 때문에 물이 수증기가 되어서 유증기와 섞여 더 큰 화재가 될 수 있어!

뭐, 뭐라고요?! 정말 큰일 날 뻔 했네요.

옳지 저게 좋겠다.

휙-

푹-

우아~ 신기하게 불길이 줄어들고 있어요.

조리 중에 불이 날 경우에는 먼저 산소 공급을 차단하는 게 중요해! 그래야 불길을 잡을 수 있어.

배추로 불을 끌 수 있다니 너무 신기해요.

그건 바로 배추가 뜨거워진 기름 온도를 발화점 밑으로 떨어뜨리기 때문이야. 만약 배추가 없다면 잎이 큰 상추나 양배추를 사용해도 돼. 만약 큰 뚜껑이 있다면 공기와 접촉 못하게 막아버리면 되고 마요네즈도 기름 막을 만들어 불을 끌 수 있어. 또한 베이킹 소다도 기름 온도를 낮추는데 효과가 있지.

마요네즈

베이킹 소다

집에 있는 소화기로 끄면 금방 꺼지잖아요.

집에서 사용하는 일반 소화기는 잠시 불이 잡히다 다시 되살아나기 때문에 식용류 화재 전용 소화기인 'K급 소화기'를 사용해야 돼. 이 소화기는 기름 표면에 순간적으로 막을 형성하여 공기 접촉을 차단하는 기능을 갖고 있어.

재가 식용유 화재에 쓰이는 소화기래!

세상에, 식용류 화재 전용 소화기가 있다는 걸 처음 알았어요. 소화기 하나면 다 되는 줄 알았는데 그게 아니었네요.

헉!

K급 소화기
A급 소화기
B급 소화기
C급 소화기

아참, 기름에 화상을 입은 데는 괜찮니?

조금 따가워요.

이정도면 1도 화상 정도로 괜찮아! 수돗물에 20분 정도 화기를 빼면 되겠다!

식용류로 요리를 할 때는 화상 위험도 조심해야겠어요.

그래 맞아. 특히 명절 때 화상 환자가 많이 발생한단다. 보건복지부 통계에 따르면 2016년 설 연휴 화상 사고는 평상시보다 2.4배 많았고, 추석 연휴 때는 2.6배나 증가했단다.

요리도 안전을 지키며 해야겠어요.

나도 안전을 위해 준비했지룽!

아니 뭘 말이야?

화상을 피하기 위해 기다란 젓가락과 바로 기름화재를 끌 수 있게 장비를 옷에 매달았지.

하 하

에~휴

헣

마요네즈

베이킹 소다

그냥 안 도와 주는 게 낫겠다.

재난대처방법 가정안전

주방에서

① 아이가 앉아 있는 식탁에 뜨거운 프라이팬이나 냄비를 올려놓지 않는다.

② 요리에 쓰인 프라이팬을 아이 손이 닿지 않는 곳에 두고 정리 정돈을 철저히 한다.

③ 프라이팬을 옮길 때 아이가 접근하지 못하게 한다.

④ 프라이팬을 식탁에 올려놓을 때 손잡이가 식탁보다 튀어나오지 않게 중앙에 놓는다.

⑤ 물을 끓이거나 음식을 조리할 땐 지켜보고, 아이가 가까이 못 오게 한다.

⑥ 가스레인지 주변에 가연성 물질을 놓아두지 않는다.

기름에 불이 나면
K급 소화기,
잊지 마세요!

⑦ 전자레인지를 작동할 때에 알루미늄 호일이
나 금속물질을 넣으면 화재위험이 있다.

⑧ 주방에는 식용류 화재용인 K급 소화기를 설
치하여야 한다.

⑨ 칼처럼 위험한 물건이나 깨지기 쉬운 그릇
을 보관한 싱크대엔 잠금 장치를 한다.

⑩ 기름을 사용해 요리할 때에는 화재위험이
있으므로 조심하여야 한다.

⑪ 통조림을 손으로 개봉할 때는 베이지 않게
조심하여야 한다.

⑫ 전기 주전자 사용 시엔 줄을 안전하게 정리
하고 사용 후 플러그를 빼 둔다.

⑬ 긴 식탁보는 아이가 잡아당길 수 있으므로 사용하지 않으며 만약 식탁보를 사용할 경우 식탁에 고정을 시킨다.

⑭ 냉장고에 붙어 있는 작은 자석은 아이가 삼킬 수 있으므로 높은 곳에 둔다.

⑮ 아이를 안고 뜨거운 커피나 음료를 마시지 않는다.

⑯ 아이의 목에 걸릴 수 있는 음식은 아이 손이 닿지 않는 곳에 놓아둔다.

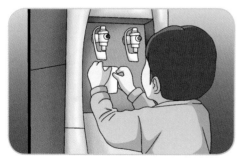

⑰ 정수기의 뜨거운 물로 인해 화상이 생길 수 있으므로 온수에 이중 장치가 되어 있는지 확인한다.

⑱ 뜨거운 증기가 나오는 전기밥솥은 화상 위험이 있으므로 아이의 손이 닿지 않는 곳에 둔다.

재난지식 노트

주방용품을 안전하게 사용하는 방법

출처: 식품의약품안전처(www.mfds.go.kr)

❶ 주방용품을 안전하게 사용하기 위해서는 사용 전에 꼭 주의 사항 및 사용방법을 확인하여야 하며 최초 구입 후 식초나 레몬즙을 1~2 스푼을 넣고 끓인 다음에 중성세제로 세척한 후 사용하는 게 좋다.

❷ 음식을 조리하다 보면 제품의 표면에 손상이 되기 쉬우므로 날카로운 재질보다는 부드러운 재질의 조리 도구를 사용하는 것이 좋다.

❸ 주방용품을 세척할 때에는 표면이 벗겨지기 쉬운 금속 수세미나 연마성 세제 등은 사용을 피하고 부드러운 재질의 스펀지를 이용하는 것이 좋다.

식기세척기　냉동실　전자렌지　위생 보관용기

❹ 사용 설명서와 제품의 바닥을 확인하여 전자레인지, 냉동실 등에 사용 가능한 지 표시를 확인하여야 한다.

❺ 도자기 제품은 충격에 의해 깨지거나 금이 갈 수 있어 주의를 하여야 하며 음식을 용기에 오래 보관하면 냄새가 밸 수 있어 사용 후 바로 닦아서 보관한다.

❻ 유리 제품은 냉동실에 보관할 경우 부피가 늘어나 깨질 위험이 있어 사용을 삼가고, 냉동실 전용 용기를 사용하여야 한다.

❼ 법랑 제품은 충격에 약하므로 급격한 가열과 냉각을 피하고 빈 그릇을 가열하거나 산성을 띤 음식 등을 오래 보관하면 코팅에 손상을 줄 수 있으므로 삼가야 한다.

❽ 옹기 제품은 센 불로 조리를 할 경우 깨질 위험이 있어 약 불이나 중간 불로 사용하여야 한다.

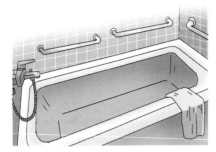

1-4 욕실과 화장실에서

재난대처방법 가정안전

욕실과 화장실에서

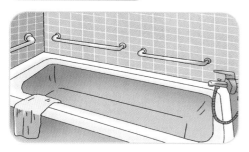

① 욕실 사용 후엔 바닥의 물기와 비눗기를 깨끗이 제거하고, 욕실 벽과 욕조 옆에 손잡이를 달아 미끄럼 사고에 대비한다.

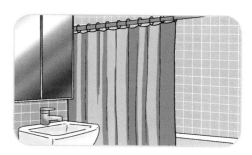

② 잘 미끄러지지 않는 욕실화를 사용하고, 샤워 커튼을 달아 욕실 바닥에 물이 흐르지 않도록 한다.

③ 세면대와 변기 위에 유리컵과 화장품을 올려놓지 않고, 모서리가 뾰족하거나 날카로운 물건을 두지 않는다.

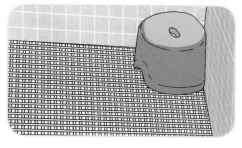

④ 욕실 바닥에 미끄럼 방지 매트나 스티커를 부착하여 사고를 예방하고, 욕조 안에도 미끄럼 방지 장치를 설치한다.

⑤ 아이가 욕실 바닥에 장난감이나 물건을 흘어 놓고 장난치지 않도록 한다.

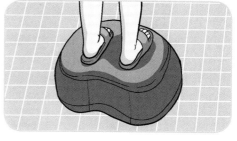

⑥ 아이가 세면대 발판을 사용할 경우 발판 바닥이 고무 처리가 되어 있는지 확인하고, 발판 위에서 장난치지 않도록 한다.

⑦ 비누나 샴푸로 인해 미끄러지기 쉬우므로 사용 후에는 제자리에 두고 비눗갑이나 샴푸 마개를 닫아 놓는다.

⑧ 락스, 세제, 표백제, 욕실 세정제 등은 보관에 주의하고 안전캡을 사용한 제품을 구매하며 아이의 손이 닿지 않는 곳에 보관한다.

⑨ 위험성이 큰 화학 물질은 다른 용기에 옮기지 말아야 하며, 만약 옮기게 될 경우 병 표면에 어떤 물질인지 꼭 적어 놓는다.

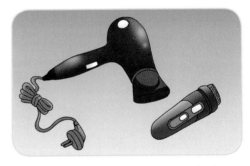

⑩ 헤어드라이어나 전기면도기를 젖은 손으로 만지지 않도록 하며, 전기제품은 욕실 밖에 두고 플러그를 뽑아 둔다.

⑪ 아이를 목욕 시킬 때, 아이가 뜨거운 수도꼭지를 만지지 못하게 하며, 아이 혼자 욕실에 두지 않는다.

⑫ 아이가 세탁기 안에 들어가지 못하도록 교육시키고 세탁기 안에서도 문이 열리는 제품을 사용한다.

재난지식 노트

몸이 불편한 분들이
욕실과 화장실에서
안전사고가 나지 않도록!

노인, 욕실과 화장실 안전 사고 ☆ 꼭 기억하자!

욕실과 화장실에서 노인들의 미끄럼 사고가 빈번하게 일어난다.

욕실 바닥에 물이 고여 있거나 비누로 인해 미끄러져 넘어진다면 골절상은 물론 척추 골절 및 허리 디스크 등의 척수 손상이 올 수 있고, 특히 골다공증이 있다면 더 큰 손상을 가져올 수 있다.

또한 노인들은 시력이 좋지 않아 문턱으로 인해 넘어지거나, 평소 약을 복용하기 때문에 약물로 인한 어지럼증으로 순식간에 넘어지는데, 이 때 머리를 바닥이나 세면대에 부딪친다면 생명에 큰 위험이 올 수 있다.

이처럼 노인이 있는 가정에서는 안전에 각별히 신경을 써야 하는데 욕실 환경을 조금만 바꾸면 이런 큰 사고를 예방할 수 있다.

욕실과 화장실 조명 스위치는 입구 바깥쪽에 설치하고 되도록 자동센서 제품을 설치하면 좋다.

욕실 벽과 욕조에 안전 손잡이를 설치하여 몸에 균형을 잡을 수 있도록 하여, 미끄러져 다치지 않게 한다.

욕실과 화장실에서 긴급한 상황 발생 시 가족과 타인에게 알릴 수 있도록 비상벨이나 긴급 통화장치를 설치한다.

욕실 바닥은 미끄럼 방지 타일을 시공하거나 미끄럼 방지 매트 또는 스티커를 설치 및 부착하여야 한다.

변기 주변에 몸을 지탱해 줄 수 있도록 사용자 신체에 맞게 안전 손잡이를 설치하고 사용자 편의를 위해 비데를 사용하는 것이 좋다.

노인이 욕실에서 사고가 나면 욕실 문을 막을 수 있어서 밖으로 열리거나 미닫이문을 설치하며 문턱을 없애고 안을 볼 수 있게 문에 작은 창을 설치한다.

1-5 계단 및 현관에서

띵동

여기가 이사한 집이구나!

띵동

끼익

어서 들어와~.

빨리 네 방에 가서 게임하자!

하 하

나도 그 게임 정말 하고 싶었는데. 너무 기대돼!

그, 그게 말이야….

스윽

이야 드디어, 네 방에 짐을 옮겨 줄 친구들이 온 모양이구나!

짐을 옮기다니, 그게 무슨 말이야?

헤 헤

아직 내 방 짐을 정리 안 했거든. 하하!

그럼 게임기는?

당연히 정리를 안 했으니 저 박스 안에 있지!

우리를 부려 먹으려고, 너!

그, 그게 아니라.

버

럭

빨린 짐 정리하고, 우리 게임 신나게 하자! 응?

싫어!

우리 그냥 집에 가자!

아빠? 오늘 점심 때 맛있는 거 사 주실 거죠?

물론이지! 치킨과 피자, 또 스파게티…,

먹고 싶은 거 있으면 말만 하렴!

이봐, 친구! 이거 어디로 옮기면 될까?

여기 있는 박스를 위층 내 방에 옮겨 놓으면 돼!

자, 그럼 힘 좀 써 볼까나!

큰일날 뻔했네. 이렇게 많이 올리면 앞이 안 보이고 균형 잡기 어려워 사고 날 수 있어.

제가 빨리 끝내야 한다는 생각에 욕심이 앞섰나 봐요.

계단에서는 되도록이면 부피가 크거나 무거운 물건을 드는 건 자제를 해야 돼.

네~.

꽝

꽝

무엇보다 여러 물건을 높이 쌓아서 가게 되면 시야가 충분히 확보되지 못하여 사고가 날 수 있거든 이럴 때는 시야를 충분히 확보 후 이동하거나 주위에 도움을 요청해서 같이 들고 가는 게 좋지.

그렇군요. 그럼 이 박스는 무거우니….

우리 둘이서 들고 가자!

그래, 좋아!

역시 둘이 드니 생각보다 엄청 가볍다.

아마 그럴 거야~. 내 물건이 밑으로 다 쏟아졌거든.

우르르

재난대처방법 가정안전

계단 및 현관에서

① 계단과 현관은 미끄럽지 않은 재료를 사용하고 만약 바닥이 미끄러울 시 미끄럼 방지 테이프나 고무 장치를 설치한다.

② 아이와 부모가 함께 계단에 오를 때는 부모가 아래쪽에서 아이의 손을 잡아 주거나 보호하며 오른다.

③ 신발 끈이 풀어진 상태로 계단에 오르거나 큰 신발을 신지 않도록 하고, 계단에서 뛰거나 장난치지 않도록 한다.

④ 현관과 계단에는 항상 밝은 조명을 설치하고 계단에 불필요한 물건이 없어야 한다.

⑤ 어린이나 노약자, 장애인 등이 계단을 오르내릴 때는 손잡이를 잡고 천천히 이동한다.

⑥ 계단에서 부피가 크고 무거운 물건을 운반할 때는 시야를 확보하거나 주위에 도움을 요청한다.

재난지식 노트 ......

계단 사고는 대부분 계단에서 미끄러지거나 추락해서 발생한다. 특히 노년기에는 평형 감각이나 시력 등 신체 능력이 감소하여 사고로 이어지기 쉽고, 자칫 사망까지 이르는 경우가 발생하고 있어 각별한 주의가 필요하다. 무엇보다 낙상에 의한 신체적 손상은 회복이 쉽지 않고 사고 후 활동에 제한을 줄 수 있다.

계단 안전사고 방지를 위한 설치물

안전손잡이 설치

계단 미끄럼 방지 장치 설치

전기등 설치

지팡이를 사용하여 계단 오르내리는 방법 ☆꼭 기억하자!

지팡이를 사용하여 계단 오르는 방법

❶ 지팡이를 건강한 쪽 손에 쥐고 한 계단 위에 지지한다.

❷ 건강한 쪽 다리를 계단 위에 올려놓는다.

❸ 지팡이와 건강한 쪽을 지지하며 불편한 다리를 올린다.

지팡이를 사용하여 계단 내려오는 방법

❶ 지팡이를 건강한 쪽 손에 쥐고 한 계단 아래로 내린다.

❷ 불편한 쪽 다리 먼저 계단 아래에 내려놓는다.

❸ 지팡이를 지지하며 건강한 쪽 다리를 내려놓는다.

1-6 유독성 물질

살충제

재채기를 하려면
팔로 막고 해야지,
그냥 하면 어떡해!

내 감기를 너한테
옮길 테야~~.

이게 어디서 더럽게!

이제 무서워서
장난도 못 치겠어.

어서 감기약이나
찾아서 먹어.

그걸 함부로 버리면 어떡해! 유통기한이 지나 못 먹는 약은 가져가는 곳이 따로 있다고.

그게 어딘데?

안녕하세요. 유통기한이 지난 약을 가져왔어요.

오~ 그래 잘 가져왔다.

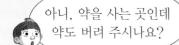

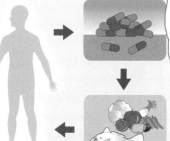

아니, 약을 사는 곳인데 약도 버려 주시나요?

하하. 그렇단다. 약을 가정에서 함부로 버리면 토양과 물을 오염시켜 농산물과 물에 사는 생물에 영향을 줄 수 있을 뿐만 아니라 다시 우리 몸속으로 들어와 항생제 내성이 생겨 병이 잘 낫지 않을 수 있단다.

그렇군요. 이렇게 중요한 건 우리 반 애들에게 알려 줘야겠어요.

번 쩍

약사님, 우리 반 애들이 집에서 유통기한 지난 약을 가져 왔어요. 자, 모두 약을 들어 봐!

여기요!

삐질

며칠 후

얘들아, 다 가지고 왔지?

하, 하, 이렇게 많이…. 이곳이 아니더라도, 동네 약국, 어디든 다 받아 준단다.

재난대처방법 가정안전

유독성 물질

① 아이에게 약을 먹일 때에는 어린아이가 복용 가능한 약인지 확인하고 1회 투입하는 분량을 정확하게 지켜야 한다.

② 유통기한이 지난 오래된 약은 약국으로 가져가 반납을 하여야 한다.

③ 어린아이가 독성이 있는 물질을 함부로 열지 못하도록 뚜껑이 안전 캡으로 되어 있는 제품을 구입한다.

④ 액체세제나 독성물질을 다른 용기에 옮겨 보관해선 안 되며, 원래 용기에 보관토록 한다. 또 다른 제품과 혼합해 쓰지 않는다.

⑤ 아이가 쉽게 열 수 있는 싱크대와 위험한 물질이 들어 있는 보관함에 안전 문고리를 달아 놓는다.

⑥ 살충제를 사용한 후에는 창문을 열어 20~30분 정도 환기한 후 방 안에 들어간다.

재난지식 노트 ......

환경호르몬 대표물질

참고서적 : 우리 아이를 위한 생활 속 환경호르몬 예방 관리
(서울특별시 2015년 6월)

(1) 가소제류 – 프탈레이트

포함된 제품 세제, 바닥제, 장난감, 향수, 빨대, 무스, 매니큐어 등.

인체에 미치는 영향 아이들 주의력 결핍 및 두뇌 발달 저해.

(2) 방부제 · 코팅제류 – 비스페놀A

포함된 제품 젓병, 캔 내부코팅, 플라스틱 그릇 등.

인체에 미치는 영향 장기간 노출 시 아이들에게 주의력 결핍, 천식, 아토피, 발달 장애 및 성조숙증 등의 원인이 되며, 생식기능 저하, 기형, 암 등을 유발.

(3) 중금속 – 납

포함된 제품 크레파스, 물감, 장난감, 놀이시설, 고무매트, 페인트 등.

인체에 미치는 영향 관절통, 권태감, 불면증, 근육의 쇠약, 통증, 변비, 어지러움 유발, 혼수, 경련 등을 유발할 수 있다.

(4) 중금속 – 카드뮴

포함된 제품 담배, 전자제품, 색소를 내는 제품, 놀이기구 등.

인체에 미치는 영향 기침, 호흡 곤란, 구토, 미열 등의 증상 유발. 장기간 노출 시 호르몬과 난소 이상, 임산부의 경우 조산이나 저체중아 출산 유발.

(5) 중금속 – 수은

포함된 제품 수은온도계, 수은전지, 페인트, 치과용 아말감, 형광등 등.

인체에 미치는 영향 인지 기능의 장애, 근육과 신경 변화, 불면증, 두통, 호흡 곤란, 오한, 구토, 발열 등을 유발.

(6) 보존/방부제 – 파라벤

포함된 제품 의약품, 화장품, 미생물 억제용 방부제, 린스, 샴푸 등.

인체에 미치는 영향 유방암, 성호르몬 교란, 전립선 장애 등에 영향 추정.

(7) 항균제 – 트리클로산

포함된 제품 샴푸, 치약, 비누, 세제, 데오드란트 등

인체에 미치는 영향 생식기능 저하, 성호르몬과 갑상선호르몬 이상 초래.

(8) 과불화화합물 – PFOS/PFOA

포함된 제품 햄버거나 피자 포장용지, 일회용 종이컵, 계면활성제, 살충제, 보온재, 프라이팬, 냄비 등.

인체에 미치는 영향 생식 기능과 면역력 약화, 뇌와 신경 및 간에 독성을 유발, 신생아 발달에 악영향 등을 초래함.

(9) 난연제 – 브롬화난연제류

포함된 제품 전자제품, 페인트, 전자회로소자, 플라스틱 등에 화재 방지 목적으로 첨가됨. 소파나 매트리스, 커튼 등에도 사용.

인체에 미치는 영향 암 발생, 정자 수 감소, 갑상선호르몬 기능 저하 등에 영향 추정.

(10) 살충제 – 퍼메트린

포함된 제품 모기, 개미, 진드기, 벼룩 등의 살충제 제품.

인체에 미치는 영향 피부와 눈에 자극적임, 염증, 코 막힘, 호흡곤란, 기침, 마비증상, 알레르기 반응 등을 일으킴. 인체에 많은 양이 노출되면 설사, 발작, 구토, 현기증, 두통을 유발.

⚠️② 화재 및 전기, 가스안전

지금 우리 사회는 빠르게 기술 발전을 하고, 건물 또한 초고층 및 대형화 되고 있으며, 전기와 가스, 유류 등 다양한 에너지 사용이 이뤄지고 있습니다. 그런 가운데 화재 발생도 증가하고 있습니다.

과거 대형 화재를 보면 1971년 성탄절에 많은 사상자를 낸 대연각호텔 화재, 너무나 가슴 아픈 씨랜드 화재, 대구 지하철 화재 등 많은 화재가 있었습니다.

화재 발생의 대부분은 관리가 소홀하거나 안전수칙을 지키지 않아서 발생합니다. 언제 어디서든 우리 생활 속에 발생할 수 있기 때문에 항상 예방과 관심을 가져야 되겠습니다.

그럼 2012년부터 2016년 간 화재 발생 현황에 대해 알아볼까요!

최근 5년간 화재 발생 사고 현황

구분 연도별	발 생(건)	인명피해(명)			재산피해 (백만원)
		계	사 망	부 상	
2016	43,413	2,024	306	1,718	369,725
2015	44,435	2,093	253	1,840	433,166
2014	42,135	2,181	325	1,856	405,357
2013	40,932	2,184	307	1,877	434,423
2012	43,249	2,223	267	1,956	289,526

출처: 소방청 국가화재정보센터(http://nfds.go.kr)

불은 인류의 발전에 많은 도움을 주었고 우리 생활에 뗄 수 없는 꼭 필요한 요소이지만, 조그만 부주의에도 순식간에 우리의 생명과 재산을 빼앗는 무서운 존재가 될 수 있습니다.

우리 생활에 밀접한 전기와 가스 재해도 설명하겠습니다.

전기도 마찬가지로 경제성장과 함께 사용이 급속도로 증가하고 있습니다. 전기재해로 인한 인명과 재산 피해도 커져가고 있는 추세입니다.

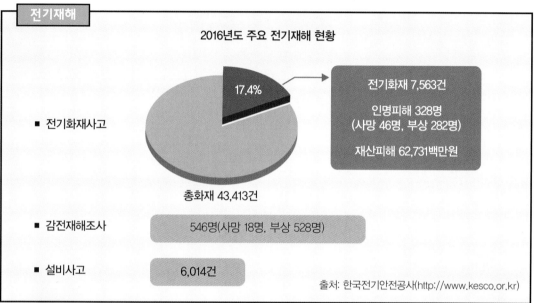

전기재해

2016년도 주요 전기재해 현황

- 전기화재사고

17.4%

전기화재 7,563건

인명피해 328명
(사망 46명, 부상 282명)

재산피해 62,731백만원

총화재 43,413건

- 감전재해조사 · 546명(사망 18명, 부상 528명)

- 설비사고 · 6,014건

출처: 한국전기안전공사(http://www.kesco.or.kr)

마지막으로 최근 5년간 가스사고로 인한 인명피해에 대해 알아보겠습니다.

가스사고는 최근 5년간 연평균 9.9% 감소 추세에 있는데요. 2016년 가스사고 인명피해는 사망 12명, 부상 106명으로 전년도에 비해 사망은 6명, 부상은 9명이 감소하였습니다.

최근 5년간 가스사고 인명피해

(단위: 명)

구분	2012년	2013년	2014년	2015년	2016년
인명피해계	179	161	150	133	118
사망	20	17	13	18	12
부상	159	144	137	115	106

출처: 2016 가스사고연감 (한국가스안전공사 2017.6)

가스안전도 공급자 및 사용자의 부주의 그리고 시설미비 등에서 사고가 발생한다고 하니 항상 주의를 기울여 사고 예방에 힘써야 되겠습니다.

화재안전

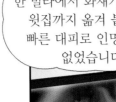

어젯밤 11시쯤 서울의 한 빌라에서 화재가 발생하여 윗집까지 옮겨 붙었으나 빠른 대피로 인명 피해는 없었습니다.

아빠, 너무나 무서워요.

불이 저렇게 순식간에 윗집으로 옮겨 붙네요.

맞아, 불이 커지면서 확산되는 건 처음 발생한 불이 다시 가연성 물질에 불이 붙어 확산되거나 또는 열의 이동이나 날아가는 불꽃에 의해 다시 불이 붙어 계속해서 진행되는 거지.

화재로 발생한 열과 연기와 불길이 위로 올라가 계단 및 각종 틈새로 불과 연기가 이동하는데 이 경우를 '연소 확대 현상' 이라고 한다.

열의 이동에 의해서 불이 확대되는 건, 세 가지 작용에 의해 진행되는데 그건 바로 대류, 전도, 복사란다.

엥, 그게 뭔가요?

짜 · 안

대류   전도   복사

열이 전달되는 3가지 방식

대류

기체나 액체가 이동하는 것과 같이 열의 흐름에 의해 가열된 공기는 밀도가 작아지고 가벼워져 상층부로 이동하고 상층부에 있던 찬 공기는 가열된 공기보다 무거워 아래로 내려오게 된다. 방안에 난로를 피웠을 때 실내가 따뜻해지는 현상을 생각하면 된다

전도

물체에 열이 전달되는 현상으로 온도가 높은 지점에서 낮은 지점으로 열 에너지가 퍼져 나가는 현상이다. 특히 고체는 기체보다 열이 잘 전달되는데 예를 들어 긴 철의 끝에 열을 가했을 때 시간이 지나 반대쪽에도 뜨거워지는 현상을 말한다.

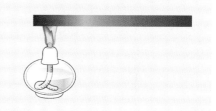

복사

열 에너지가 주위에 직접 열을 전달하는 현상으로 물체가 열 에너지를 받으면 흡수 및 반사 또는 투과가 된다. 난로 앞에 사람이 서 있을 때 뜨겁다고 느끼는 것이 바로 복사열을 받고 있기 때문이다.

그럼 태양이 지구를 따뜻하게 해 주는 것도 복사열 때문이군요.

맞아, 그렇단다.

불 앞에서는 오래 못 있겠던데 그럼 불 앞에서 사람은 얼마나 오래 버틸 수 있나요?

상황에 따라 다를 수 있겠지만, 사람이 열 발생하는 지점에서 3m의 거리에서 66℃에서는 약 1시간 정도, 121℃에서는 약 15분, 149℃에서는 약 5분 정도 견딜 수 있어. 그리고 177℃에서는 30초 이내에 피부가 회복할 수 없을 정도로 화상을 입게 되므로 빠른 대피가 필요하지.

복사열이 인체에 미치는 위험   출처: 한국화재보험협회

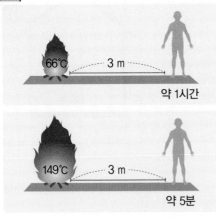

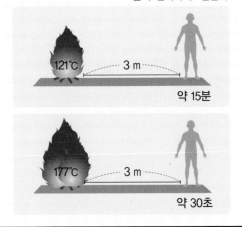

정말 화재는 무엇보다 예방이 가장 중요한 것 같아요.

아빠, 집 안에서 화재 예방을 위해 무엇을 해야 할까요?

가정에서 화재를 예방하기 위한 안전점검에 대해 말해 줄게.

가정에서의 화재예방

❶ 난방용품 및 전기제품 사용 후에는 플러그를 뽑고 문어발식 콘센트 사용은 금한다.

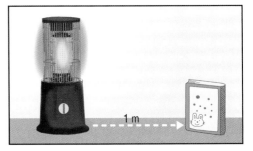

❷ 난방용품 옆에 가연성 물질을 가까이 두지 말고 1m 이상 공간을 확보한다.

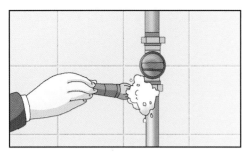

❸ 가스레인지 사용 후 가스 밸브를 잠그고, 평상시에 수시로 가스 누출 점검을 한다.

❹ 조리 중에는 자리를 비우지 말고 만약 자리를 비울 때에는 조리 기구를 꼭 끈다.

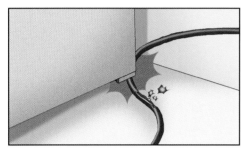

❺ 전선이 손상되어 있는지 살펴보고 가구나 문에 눌리지 않도록 한다.

❻ 화재경보형감지기 및 소화기 등이 정상적으로 작동되는지 확인한다.

재난지식 노트

옥내 소화전 사용법은 꼭 익혀 두세요!

소화 원리의 종류

소화의 원리는 연소의 반대 개념으로 연소현상이 발생하지 않게 제어 및 차단을 시켜는 것을 말한다.

(1) 냉각소화

연소의 3요소에서 점화원을 제거하여 열이 발생하지 못하도록 계속적으로 가연물에 물, CO2, 강화액 등을 뿌려서 가연성 물질의 온도를 발화점 이하로 냉각시키는 것.

(2) 질식소화

연소의 3요소에서 산화제를 제거하여 산소의 농도를 15%이하로 감소시켜서 소화시키는 것으로 마른 모래나 담요 등 질식 효과를 일으키는 소화 방법.

(3) 제거소화

연소의 3요소에서 가연물을 제거하는 방법으로 고체 가연물일 때는 즉시 제거, 액체나 기체일 때는 밸브 폐쇄, 공급 중단 및 안전한 장소로 이송. 그리고 전기화재 시 전기 공급 단절, 수용성 액체는 많은 물을 주입하여 농도를 낮춘다.

(4) 억제소화

연소의 연쇄반응을 제어하는 것으로 방염처리나 분말 또는 할로겐화합물 소화약제 등으로 연쇄반응의 전달물질을 불활성화시킴으로서 화재를 억제하는 방법.

옥내소화전 사용법 ☆ 꼭 기억하자!

❶ 소화전 문을 연다.

❷ 호스를 빼내어 화재 현장까지 접근한다.

❸ 소화전 내에 밸브를 돌린다.

❹ 불을 향해 노즐을 열고 방수한다.

산불화재발생

(1) 산불이란

산림 내에서 낙엽, 낙지, 초류, 임목 등이 연소되는 화재로 사람에 의한 실화, 방화 그리고 자연에 의한 낙뢰 등에 의해 산림 내에 있는 가연물을 연소시키는 걸 말한다.

(2) 최근 10년간 발생한 산불현황(2007년~2016년)

발생 건수 및 피해 면적

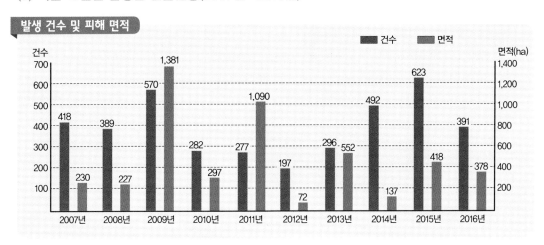

산불 발생원인

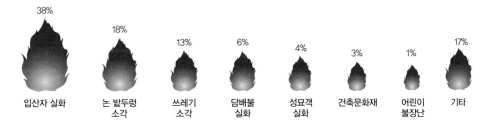

입산자 실화	논 밭두렁 소각	쓰레기 소각	담배불 실화	성묘객 실화	건축문화재	어린이 불장난	기타
38%	18%	13%	6%	4%	3%	1%	17%

계절별 산불 발생현황

출처: 산림청

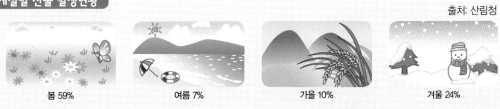

봄 59%   여름 7%   가을 10%   겨울 24%

☞ 화재에 대한 행동요령 및 추가 상식은 '품격있는 안전 사회 2권 – 1단원 화재'를 참조하세요

전기안전

자, 이제 휴가지로 출발해 볼까.

드디어 출발이구나!

아니, 화장실에 불이 켜져 있잖아.

이런, 이런, 화장실 마지막으로 쓴 사람이 누구야?

항상 불을 끄고 나와야지.

엥?

휙

하하하. 저, 저군요!

우리가 휴가 간 사이 도둑이 들까 봐 불을 켜 놨다고요.

찌릿

찌릿

입에 침이나 바르고 말하셔~.

헤

헤

집을 비울 때 사람이 있다는 걸 보여주기 위해 전등을 켜 놓고 외출하는 건 아주 위험한 행동이야.

네? 전등을 켜 놓는 게 위험하다고요?

도둑이 들어오는 게 더 위험한 거 아닌가?

방범용으로 전등을 장시간 켜 두는 경우가 많은데, 그렇게 되면 전등이 과열되어 전기 화재의 원인이 될 수 있어. 차라리 TV 타이머 예약을 해 놔서 일정시간 켜 놓는 게 좋지.

시간 예약
ON 오후 20:00
OFF 오후 23:00

아, 그걸 생각 못했네요.

그러고 보니, 전등을 잠시 켜 놓고 만졌는데 엄청 뜨거웠었어요. 그게 장시간 켜져 있으면 정말 화재가 날 것 같네요.

휴가지에 가서도 전기사고는 항상 조심해야 돼.

특히 수영장에 있는 오래된 전기 시설로 감전될 수 있어. 또 음식점 수족관에 있는 모터 누전으로 감전될 수 있어서 가능한 수족관 근처에 접근하거나 만지지 않는 게 좋아.

아빠, 누전이 뭔가요?

누전이라는 것은 전기가 원래 흘러야 할 곳에 흐르지 않고 전선 피복 등이 벗겨져서 외부로 흘러나가는 것을 말하지.

예전에 컴퓨터 본체를 만졌는데 전기가 찌릿해서 깜짝 놀랐어요.

혹시 그것도 누전인가요?

그래 맞아. 누전된 전류가 약하면 괜찮지만, 만약 큰 전류가 흘러 누전이 됐을 때는 치명적이거나 사망까지 초래할 수 있지.

우리 생활에서 없어서는 안 되는 전기지만 언제 어디서든 조금만 방심하면 큰 사고로 이어지는 게 전기사고네요.

그렇지, 전기 안전사고는 순식간에 일어나므로 항상 조심해야 돼.

아빠, 다들 전자제품을 많이 쓰고 있는데, 전기 사고가 나지 않으려면 어떻게 해야 하죠?

그건 이 안전이가 설명해 줄게. 잘 들어 봐!

겨울철에 전기장판으로 인한 화재가 많이 발생하는데, 특히 전기장판 내부선이 접혀서 끊어지거나 합선으로 화재가 날 수 있어서 전기장판을 접거나 무거운 물건을 올려 두면 안 돼.

화르르르

헤어드라이어 사용은 물기가 많은 욕실에서 금하고 드라이어의 흡입구 및 배출구를 막지 않도록 해야 한단다. 그리고 드라이어를 켠 상태로 방치하면 화재 위험이 있어 조심해야 해.

윙 이 잉

세탁기를 사용할 때는 알코올 성분이 묻은 옷은 화재 위험이 있어 세탁기 안에 넣거나 근처에 두지 말아야 하고, 세탁기 주위에 물이 있거나 습기가 많은 곳은 피해야 하지.

그리고 바닥은 튼튼하고 수평인 곳에 설치하고, 콘센트에 접지 단자가 없으면 수도꼭지에 접지해야 해.

접지

알코올

선풍기는 모터에 먼지가 많이 쌓으므로 마른 헝겊을 이용해서 청소를 해야 하며, 자리를 비우거나 잠을 잘 때는 항상 전원을 꺼야 되지. 또한 안전망에 수건 등을 올리면 모터가 가열되어 화재가 날 수 있으니 올려놓으면 안 돼!

화르르르

냉장고 사용 시에는 주위에 가연성 물질을 두지 말아야 하며 뒷벽과 10cm이상 윗부분은 30cm이상 떨어져 있어야 하지. 그리고 전원플러그가 냉장고에 눌리지 않게 해야 하며, 청소는 플러그를 뽑은 후에 해야 해.

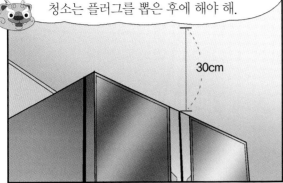

에어컨 실외기는 화재 발생 위험이 있는데, 먼지가 없도록 자주 청소를 해야 해. 또 벽과 여유를 두고 설치해야 하며, 비와 직사광선을 피하고 주변에 물건을 놓지 말아야 해.

전자레인지를 설치할 때는 벽에서 10cm 이상 거리를 두고 통풍이 잘 되게 설치를 해야 하며 금속성 재질이 있는 용기는 사용을 하지 말아야 해. 그리고 음식을 넣지 않은 상태에서 작동을 하면 안 되지.

전기난로는 안전장치와 안전인증을 받은 제품을 사용하고 과부하로 인한 화재 위험이 발생할 수 있어 소비전력이 낮은 가정용 제품을 사용해야 해.

무심코 쓰는 가전제품도 항상 사용방법을 꼼꼼히 챙겨 보고 사용해야겠어.

맞아, 전기가 인간의 삶을 편리하게 해 주지만 조금만 방심하면 큰 사고로 이어질 수 있지.

아참, 이번 장마로 아랫동네가 침수됐을 때, 감전사고가 났던 것 같은데 집 안에 물이 차면 어떻게 해야 되죠?

우리 아들, 아주 중요한 질문을 했구나! 그럼 장마철에는 전기 안전 예방을 어떻게 하는지 알아보자!

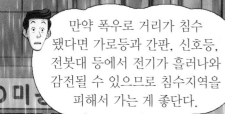

만약 폭우로 거리가 침수 됐다면 가로등과 간판, 신호등, 전봇대 등에서 전기가 흘러나와 감전될 수 있으므로 침수지역을 피해서 가는 게 좋단다.

침수지역에서는 맨홀 뚜껑도 밟으면 안 돼. 왜냐면 지하에 있는 전선이 누전이 되어서 맨홀 뚜껑으로 전기가 흘러 감전 될 수 있어.

물을 퍼내기 위해 양수기를 사용할 때는 침수되지 않은 곳의 전원을 연결하고 전선이 물에 닿지 않게 지지대를 사용해야 된단다.

폭우로 집이 침수가 예상된다면 감전사고가 발생하지 않게 분전함의 차단기를 미리 내리고, 이동 가능한 가전제품은 미리 안전한 곳에 옮겨야 해.

침수된 지역으로 이동할 때는 전기가 흐르는지 미리 파악하는 게 중요하지.

침수된 가전제품을 바로 사용하면 감전이 될 수 있으므로 확실하게 제품을 건조 시킨 후 사용해야 한단다.

강한 바람으로 인해 전선 피복이 벗겨지거나 끊어졌을 때는 직접 조치를 하지 말고 한국전력공사 (123) 또는, 한국전기안전공사 (1588-7500)로 신고하여야 해.

마지막으로 장마철에는 작업장에서도 감전사고가 많이 일어나는데 젖은 바닥에 있는 전선이나 전기기계 등으로 인한 감전사고가 발생할 수 있어 주변점검이 필요하다는 걸 잊지 말아야 해.

아빠, 그런데 전기감전 사고도 위험하지만 전자파도 사람에게 안 좋다고 들었어요.

강한 전자파는 인체에 나쁜 영향을 줄 수 있지만 전자파에 대한 인체 보호기준에 만족한다면 안전하단다.

아빠, 그럼 컴퓨터나 TV, 스마트폰 사용을 많이 해도 괜찮은 건가요?

일상생활에서 발생하는 전자파는 미약해서 사람 몸에 영향이 거의 없지만 만약 장시간 노출이 된다면 미래에 잠재적 요인이 생길 수 있어서 피하는 것이 좋지.

그럼 전자파가 인체에 어떤 영향을 주나요?

그건 말이야, 크게 열작용과 비열작용 그리고 자극작용이 있어.

전자파가 인체에 미치는 영향		
1. 열작용 주파수가 높고 강한 전자파에 신체가 노출되면 체온이 높아져 세포와 조직에 영향을 줄 수 있는 작용.		
2. 비열작용 장기간 미약한 전자파에 장기간 신체가 노출되어 발생하는 작용으로 아직까지 어떤 영향이 발생하는지 뒷받침하는 명확한 연구결과가 없다.		
3. 자극작용 주파수가 낮고 강한 전자파에 신체가 노출되면 몸에 유도된 전류가 근육과 신경을 자극하는 작용.	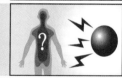	

그러고 보니, WHO 산하 국제암연구소(IARC)가 휴대전화 전자파가 '발암 위험 평가 기준 2B'로 분류한다고 발표했었지.

IARC
2B

'발암 위험 평가 기준 2B'는 뭔가요?

그건 암 유발 가능성이 있음을 나타내는 분류단계를 말하는 거야.

발암 발생 등급 분류표

IARC 분류 현황(2016.9.16.)

그룹		사람에 대한 발암성	물리, 화학 인자
1등급		**사람에게 발암성이 있는 그룹**: 통상 사람에 대한 연구에서 발암성에 대한 충분한 증거가 있는 경우.	석면, 담배, 벤젠, 콜타르 등 (118종)
2등급	A	**암 유발 후보 그룹**: 통상 사람에서는 증거가 제한적이나 동물실험에서 발암성에 대한 충분한 증거가 있는 경우.	자외선, 디젤엔젤 매연, 무기 납 화합물, 미용사 및 이발사 직업 등 (79종)
	B	**암 유발 가능 그룹**: 통상 사람에 대한 발암성에 대한 근거가 제한적이고, 동물실험에서도 발암근거가 충분치 않음.	젓갈, 절인채소, 가솔린엔진가스, 납, 극저주파 자기장, RF 등 (291종)
3등급		**발암 물질로 분류 곤란한 그룹**: 인체와 동물에서 발암 가능성이 불충분한 경우.	카페인, 콜레스테롤, 석탄재, 잉크, 극저주파 전기장, 커피 등
4등급		**사람에 대한 발암성이 없는것으로 추정되는 그룹**	카프로락탐(나일론 원료) (1종류)

예전 뉴스에서 이동통신 기지국으로 인한 전자파에 대한 내용을 본 것 같은데 통신 기지국에서 발생한 전자파가 인체에 영향을 줄 수 있나요?

이동통신 기지국의 대부분은 전자파 노출량이 모두 기준 이하이며, 만약 인체보호기준을 초과하면 안전시설설치와 운용제한 및 정지 등 여러 가지 조치를 취하고 있지.

가전제품을 쓰면 어쩔 수 없이 전자파에 노출될 텐데, 그럼 우리 생활에서 전자파 영향을 줄일 수 있는 방법은 뭐가 있을까?

그건 말이죠. 안 쓰는 가전제품은 플러그를 뽑아 놓고 가전제품 사용 시에는 30cm거리를 유지하면 전자파가 1/10로 줄어들거든요.

헤어드라이어 사용 시에는 30cm 안전거리를 유지하고 커버를 분리하지 마세요. 커버를 분리하면 전자파가 2배 정도 더 노출이 된답니다.

전자레인지 사용 시에는 30cm 안전거리를 유지하고 동작 중에는 눈에 영향을 줄 수 있어 가까이 들여다보면 안 돼요.

기이잉

전기장판 사용 시에는 담요를 깔고 온도는 낮게 설정하고 온도 조절기는 멀리 두고 사용하세요.

다리미 사용 시에도 30cm 안전거리를 유지하면 가까이 사용할 때보다 전자파가 1/10로 줄어들어요.

치이익

오~, 가전제품 대부분 안전거리 30cm만 유지하면 전자파 영향을 확 줄일 수 있네.

좋아 그렇다면.

너 엎드려서 뭐 하고 있는 거니?

짜안

제가 우리 가족을 전자파로부터 안전하게 지키기 위해 가전제품으로부터 30cm씩 간격을 두고 선을 긋고 있어요.

제가 그은 이 선만 안 넘으면 전자파 걱정은 없다고요.

깨끗이 지워!

슥 슥

유성 펜이라 잘 지워지지도 않네!

재난대처방법 화재 및 전기, 가스안전

전기안전

❶ 전기제품은 신뢰성과 안전성을 위해 국가통합인증마크(KC)나 품질인증마크(KS)를 획득한 제품을 구입해야 된다.

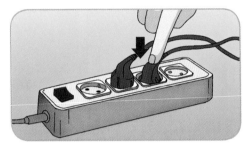

❷ 누전 차단기는 정기적으로 확인하고, 플러그를 깊숙이 꽂아 접촉 불량이 없도록 하며 먼지가 쌓이지 않도록 한다.

❸ 전기제품을 사용하지 않을 때는 플러그를 빼 두어야 하는데, 뺄 때 선을 잡지 말고, 반드시 플러그를 잡아서 뽑는다.

❹ 전기용량 및 전압에 적합한 규격 전선을 사용하고 콘센트 한 개에 플러그를 문어발식으로 사용하지 않는다.

❺ 플러그나 콘센트, 전선 등이 물리적인 충격이나 노후로 손상이 됐으면 사용하지 말고 바로 교체해야 한다.

❻ 불량제품이나 가전제품에 문제가 생긴 경우에 무리하게 사용하지 말고 전원을 끄고 콘센트에서 플러그를 뺀다.

재난 지식 노트

휴대폰을 귀에 대고
오랜 시간 통화하는 것은
안 좋아요!

전자파 줄이는 휴대폰 사용방법 ⭐ 꼭 기억하자!

출처: 국립전파연구원

❶ 휴대폰 사용 시에는 통화를 짧게 하는 게 좋다.

❷ 가급적 통화를 자제하고 문자메시지를 이용한다.

❸ 통화를 할 때는 기기를 얼굴에서 약 5mm정도 떼고 사용하는 것이 좋다.

❹ 어린이는 성인보다 미성숙하여 전자파에 더 취약하고 민감할 수 있다.

❺ 통화가 길어지면 오른쪽, 왼쪽을 번갈아 사용하도록 한다.

❻ 잠잘 때 휴대폰을 머리 근처에 두지 말아야 한다.

❼ 통화 시에 이어폰과 마이크를 사용하는 것이 좋다.

❽ 휴대폰 수신 안테나 표시가 약하면 휴대폰에서 전자파가 더 많이 발생한다.

가스안전

나 혼자 있으니, 라면이나 끓여 먹을까!

부시적

어 누구지? 아빠, 엄마는 아닐 테고, 이 시간에 올 사람이 없는데.

띵동 —

띵동 —

누구세요?

안녕하세요, 가스점검 나왔습니다.

잠깐, 실례할게.

네, 들어오세요.

척 —

가스는 새는 곳 없이 안전하단다.

아, 배고파 빨리 라면 끓여 먹어야지.

파악

어머, 가스 불이 빨간색이네 파란색 불이 나와야 정상인데.

네? 빨간 불은 안 좋은 건가요?

확

확

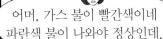 

균형	불균형

← 산소

물론이지.
파란 불은 1500~2000℃로 공기비와 연료비가 균형을 이룰 때 나타나지만, 빨간 불은 불완전 연소로 생기는데 공기와 연료가 불균형할 때 나타난단다.

빨간 불이나 파란 불이나 불만 나오면 되지 않나요?

아니야. 불안전 연소는 일산화탄소를 발생시키기 때문에 원인을 찾아서 파란 불이 나오도록 해야 돼.

만약 일산화탄소(CO)가 우리 몸에 흡수되면 독성물질로 작용해서 혈액의 산소 운반을 저해시켜 사망에 이를 수도 있어.

네?! 일산화탄소(CO)가 그렇게 위험하다니! 그럼 가스레인지를 바꾸면 되나요?

그렇게까지 할 필요는 없어.

그럼 파란불이 나오게 하려면 어떻게 해야 되나요?

여러 가지 이유가 있지만 원인을 찾는다면 해결할 수 있지.

가스레인지 불이 빨간색이 되는 이유!

❶ **내부 산소 부족**

실내 산소가 부족해서 공기 비율이 안 맞아 빨간색 불꽃이 발생된다.

❷ **내부의 습도가 높아진 경우**

장마철 습도가 높거나 가습기 사용 시 발생할 수 있다. 이럴 때는 환기를 시키고, 가습기 사용을 자제한다.

❸ **이물질에 의한 연소의 경우**

요리로 인해 화구에 이물질이 끼어 발생한다. 이럴 경우 철수세미와 칫솔을 이용하여 청소를 해준다.

이것만 알면 일산화탄소(CO)로 인한 사고는 발생하지 않겠네요.

절래

절래

그건 아니야. 다른 곳에서도 발생할 수 있어.

뭐라고요? 또 어디서 발생하나요?

욕실에 가스 온수기를 설치하는 경우가 있어.

이건 주변 공기를 이용해서 연소하는데 이 또한 불완전 연소를 일으켜 일산화탄소(CO)가 발생하거나 산소 농도도 줄어들어 질식 사고 및 일산화탄소 중독사고를 발생 시킬 수 있지.

온수기는 환기가 잘되는 외부에 설치를 해야 한단다.

또한 가스보일러로 인한 사고로도 많이 발생하는데 배기통 연결부분이 이탈하거나 틈이 생기는 등의 일로 일산화탄소(CO) 중독사고가 일어날 수 있지.

우리 생활에 꼭 필요한 가스보일러에서도 일산화탄소(CO) 중독사고가 발생할 수 있다니….

너무 걱정 마! 어떠한 안전사고도 관리와 관심만 있다면 사고는 일어나지 않아.

예방이 중요하단 말씀이시죠?

그럼 가스보일러 점검을 할 때에 어떤 것을 주의 깊게 봐야 되나요?

음, 그럼 가스보일러에서 주요한 점검 부분을 말해 줄게.

가스보일러 대표적 점검 부분

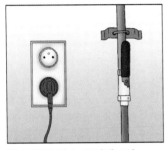

❶ 보일러 가스 중간밸브와 전원 플러그 확인

가스보일러 중간밸브가 열려 있는지, 전원 플러그가 잘 꽂혀 있는지 살펴본다.

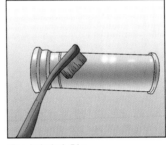

❷ 난방필터 청소

배관에 이물질이 발생하면 난방 효율이 떨어지므로 난방 필터를 빼내 물로 청소한다. (화상위험이 있어 보일러 정지 30분 후 실시.)

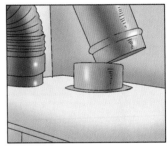

❸ 배기통 점검

유해가스가 배출되는 배기통의 이탈 유무를 확인하고 찌그러지거나 내부 이물이 없는지, 부식되거나 구멍 난 곳 등이 없는지 점검한다.

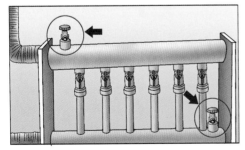

❹ 배관 내 공기배출 확인

장기간 가동되지 않는 보일러에는 배관에 기포가 발생하여 난방이 잘 되지 않는다. 이 때 보일러를 가동하고 분배기의 에어벤트를 열어 공기를 충분히 빼준다.

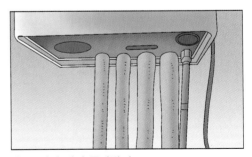

❺ 보일러 배관 동파방지

겨울철 보일러 동파 사고를 막기 위해 보일러와 연결된 배관을 보온 처리하는데, 헌 옷 등을 사용하면 옷에 물이 젖어 동파될 수 있으므로 꼭 보온재를 사용하도록 한다.

그렇군요. 오늘 정말 많은 걸 배웠어요.

으쓱

그래, 이제 난 가 볼게.

잠깐만요. 가스 안전관리도 계절에 따라 관리가 필요할 것 같은데 그건 어떻게 해야 되나요?

가스 안전관리는 계절별로 신경 써야 하는 부분이 조금씩 달라.

계절별 가스 안전관리

봄

겨우내 혹한으로 손상이 없는지 녹슬지는 않는지 확인해야 한다. LPG의 경우, 배관이나 호스가 헐거워지지 않았는지도 점검하고, 도시가스는 집 안 내 배관과 호스, 호스와 연소기의 연결부위 손상을 점검한다.

여름

LPG 용기는 뜨거운 직사광선을 받지 않도록 보관한다. 휴가철 장기간 집을 비울 때는 중간밸브, 메인밸브까지 잠그고, 돌아와서는 충분히 환기 후, 이음새 부분을 비눗물로 점검하고 사용한다.

가을

환절기에 가스보일러를 새로 가동하기 전에 배기통을 점검하고, 배기통 내에 이물질을 확인하고 청소한다. 배기가스가 실내로 유출되는 경우, 보일러 시공자 및 제조회사에 요청해 수리를 받도록 한다.

겨울

LPG 용기는 반드시 눈, 비를 피할 수 있게 보관실에 보관하며, 기온이 낮아 가스가 잘 나오지 않으면 용기를 두터운 헝겊으로 감싸주되, 불을 가까이 갖다 대거나 뜨거운 물을 부어서는 안 된다. 겨울엔 가스 중독 사고도 많기 때문에 배기통과 환기구도 자주 점검한다.

계절별로 가스 안전관리에 대해 설명했지만, 제일 좋은 건 계절에 상관없이 수시로 주의 깊게 보는 거란다.

네, 알겠어요. 우리 집의 안전은 제가 지키겠어요.

불끈

어머, 벌써 시간이 이렇게 됐네.

다른 집도 방문해야 해서 난 이만 가 볼게.

어, 벌써 가시게요? 더 궁금한게 있는데.

그, 그건 다음에 와서 설명해 줄게.

척 ー

하 하

삐익

어, 누가 오셨네!

쓱 ー

어, 가스 안전 점검원이셔.

가스가 샌 곳이 없는지 보러 오셨지.

우리의 안전을 지켜주시는 고마운 분이시군요.

감사합니다.

그 뿐만 아니야, 가스 안전에 대해서도 많이 알려주셨어.

잘 됐다. 우리 생활 속 가스 안전에 대한 숙제가 있는데 몇 가지 물어 봐도 돼죠?

그, 그러럼….

하 하

짝 ー

큰일이다, 빨리 다음 집으로 가야 하는데….

오늘 너무 감사했어요. 안녕히 가세요.

다음에는 질문사항을 미리 준비하고 있을게요.

그, 그래 애들아, 잘 있으럼….

에휴~, 다른 집으로 가기에는 너무 시간이 늦었네….

오늘은 그냥 퇴근해야겠다.

스 윽

재난대처방법 화재 및 전기, 가스안전

가스안전

❶ 평소에 비눗물을 이용해 배관과 호스 등을 수시로 점검하고, 가스레인지는 불구멍이 막히지 않게 수시로 청소한다.

❷ 가스레인지 사용 시, 파란 불꽃인지 확인하고, 불이 꺼지면 자동으로 가스가 차단되는 제품을 권장한다.

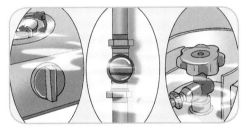

❸ 가스가 새면 점화코크, 중간밸브, 용기밸브 또는 메인밸브를 잠그고 환기를 시킨다. 화기나 전자기기는 안전 확인 후 사용토록 한다.

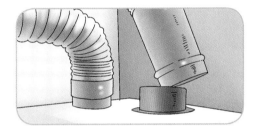

❹ 가스보일러 사용 전 배기통 연결을 확인하고, 작동 시 조그만 이상이라도 발견되면 가스 차단 후 가스 공급 업체에 연락한다.

가스 폭발 사고 발생시

❶ 폭발사고가 나면 차폐벽이 있는 안전한 장소로 대피하고 2차 폭발에 대비한다.

❷ 바람이 불어오는 방향으로 대피하고, 부상자는 안전한 곳으로 옮겨 응급조치한다.

❸ 전기나 화기 등은 폭발 가능성이 있으니 사용하지 말고 밸브를 잠근 후 환기시킨다.

재난지식 노트

가스의 종류에 따른 특성을 알아 두도록 하자!

가스사고의 발생 원인

① 공급자의 부주의에 의한 사고

가스 공급 및 시공 작업 시 규칙과 법령을 따르지 않아 발생한 사고.

② 사용자의 부주의에 의한 사고

사용자가 가스기기나 가스시설 등을 작동 시킬 때, 조작 미숙 등으로 발생하는 사고.

③ 시설물의 부적합에 의한 사고

가스시설물의 제품 사양이나 관련규정에 부적합하게 설치되어 발생한 사고.

④ 가스기기의 고장과 노후로 인한 사고

가스기기의 제조상의 결함이나 노후화로 인해 발생한 사고.

⑤ 타 공사로 인한 사고

가스 배관 등의 시설물이 굴착공사 등으로 손상이 가해진 사고.

가스레인지 설치 안전거리

가스레인지는 우선 통풍이 잘 되고 인화물질이 주위에 없는 곳으로 하여야 한다. 그리고 가스레인지 벽면이 가연성 물질인지 살펴보고 가스레인지 천장에서 1m 이상, 옆면과 뒷면 벽에서 15cm이상 안전거리를 둬야 한다. 또한 호스의 길이는 3m 이내로 가능한 짧게 하고 1m 간격으로 고정하고 가스레인지와 호스 연결 부위는 충분히 끼운 후에 호스 밴드로 고정한다. 마지막으로 설치가 마무리되면 가스누출이 없는지 검사를 꼭 진행한다.

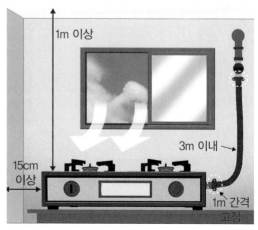

출처: 가스안전공사

연료가스의 종류 ☆ 꼭 기억하자!

(1) 액화석유가스
(LPG; Liquefied Petroleum Gas)

원유를 채취 증류탑에 넣고 끓여서 만든다. 이때 석유가스 외에도 휘발유, 등유, 경유 등이 만들어진다. 이 석유가스의 주성분인 프로판과 부탄을 고압으로 압축하여 액체 상태로 만든 것을 액화석유가스라고 한다.
원래 냄새와 색깔이 없어서 가스 누출시 확인이 어렵기에 냄새 나는 물질을 첨가하여 제조토록 법령으로 정하고 있다.

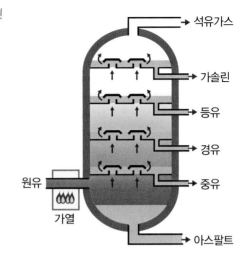

(2) 액화천연 가스
(LNG; Liquefied Natural Gas)

천연가스는 인공 과정을 걸쳐서 나온 LPG와 다르게 지하 깊은 곳에서 오랜 시간 기체 상태로 매장된 화석 연료로, 주성분 중 메탄(CH_4)이 89% 이상으로 구성되어 있다.
액화천연가스는 천연가스를 저장과 수송이 용이하도록 영하 162℃로 액화시켜 부피를 600분의 1로 압축시킨 것을 말한다.

(3) 도시가스

도시가스는 LNG를 기화 설비를 통해 기화 시켜 배관을 통해 수요자에게 공급하는 연료를 말한다.
천연가스는 액화과정에서 분진, 황, 질소 등이 제거된 무공해 청정 연료이며, 배관을 통해 공급되기 때문에 사용이 편리하다. 또한 공기보다 가벼워 대기중에 쉽게 확산 되어 사고 위험성이 낮다.

3 교통안전

우리나라 자동차 등록 대수는 2016년 2500만 대를 넘어섰고 운전면허 소지자도 전체 인구의 60%가 넘는다고 합니다. 이처럼 자동차와 운전자가 많아지고 교통시설 또한 발전을 했습니다.

교통시설이 발전하면서 삶의 질도 높아졌지만, 교통사고도 많이 발생하고 있습니다. 그럼 최근 5년간 우리나라 교통사고가 얼마나 발생했는지 볼까요.

교통사고 발생 건 수

(단위: 건)

연도	발생 건수
2012년	223,656
2013년	215,354
2014년	223,552
2015년	232,035
2016년	220,917

출처 : TAAS 교통사고분석시스템

2016년 법규 위반별 교통사고 현황

법규 위반	비율	건수
중앙선 침범	4.8%	10,712건
신호위반	11.0%	24,408건
안전거리 미확보	9.4%	20,660건
과속	0.3%	633건
안전운전 불이행	56.3%	124,399건
교차로 통행방법 위반	6.6%	14,602건
보행자 보호의무 위반	3.5%	7,808건
기타	8.0%	17,655건

출처 : TAAS 교통사고분석시스템

2016년 법규를 위반한 교통사고에서 안전운전 의무 불이행으로 인한 사고가 56.3%로 가장 많았습니다.

특히 고령화로 인해서 어르신들의 교통사고가 많이 일어나고 있습니다. 특히 2016년 전체 보행자 사망 중에서 65세 이상 고령 보행자의 사망이 50.5%를 차지하였습니다.

2016년 연령대별 보행사상자 출처 : TAAS 교통사고분석시스템

- 12세 이하: 4,402 / 36
- 13~20세: 4,564 / 31
- 21~30세: 6,476 / 86
- 31~40세: 4,983 / 80
- 41~50세: 6,976 / 160
- 51~60세: 8,676 / 339
- 61~64세: 2,954 / 116
- 65세 이상: 10,693 / 866

부상자　사망자　(단위: 명)

이처럼 고령자에 대한 교통사고도 최근 5년간 증가 추세에 있습니다.

최근 5년간 고령자 교통사고 추세

- 2012년: 28,185건
- 2013년: 30,283건
- 2014년: 33,170건
- 2015년: 36,053건
- 2016년: 35,761건

출처 : TAAS 교통사고분석시스템

어르신들의 교통사고 비율을 줄이기 위해서는 교통사고가 많이 발생하는 곳에 무단횡단 금지시설과 안전시설을 더욱더 보강해야 합니다.

교통안전은 보행자와 운전자가 서로 질서 의식과 사회 규범을 지켜서 자신과 타인의 생명과 재산을 보호해야 하지만 일부 운전자와 보행자의 잘못된 습관으로 사고가 발생하게 됩니다.

운전자 및 보행자 모두 교통규칙을 준수하고 서로 양보와 여유를 갖고 서로 존중한다면 교통사고를 예방하는 것뿐만 아니라 선진화된 교통문화로 발전할 것입니다.

3-1 보행 및 이륜차 안전

녹색 불이다 어서 건너자.

저벅 저벅 파

하하하, 이 웹툰 너무 재밌다.

오빠, 뭐 하고 있어? 불이 깜빡이잖아.

빨리 와!

뭐, 뭐라고!!

건널목을 건널 때 스마트폰을 쓰면 위험하다는 걸 모르는 거야?

죄송해요.

보행 중 스마트폰 사용으로 인한 사고는 2011년 대비 2015년에 1.6배 증가했어.

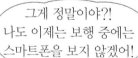

5년간 스마트폰 사용 보행자 교통사고 건수 추이

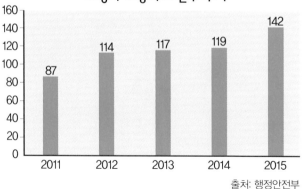

그게 정말이야?! 나도 이제는 보행 중에는 스마트폰을 보지 않겠어!

출처: 행정안전부

빵─ 빵

허, 허, 고맙구나!

오빠, 우리가 가서 도와 드리자!

아빠, 할아버지와 할머니들은 교통사고 위험이 더 높은 것 같아요.

맞아, 노인들은 노화로 인해 감각기능과 판단능력이 저하되기 때문에 반응시간이 젊은 사람들보다 30% 더 오래 걸린단다.

그 뿐만 아니라, 인지와 운동 능력도 떨어지고 청력도 저하되기 때문에 차를 인지하지 못해 사고가 발생하지.

빵─

그럼, 어르신들이 사고가 나지 않기 위해서 어떻게 해야 되나요?

노인들의 안전한 보행 요령에 대해 설명해 줄게.

노령자 안전 보행 방법

❶ 보도를 이용하고 만약 보도가 없다면 차를 마주 하고 걷는다.

❷ 차량 사이로 걷지 말고 휴식은 안전한 장소에서 취한다.

❸ 무단 횡단을 하지 말고, 녹색 불에 차의 정차를 확인 후 건넌다.

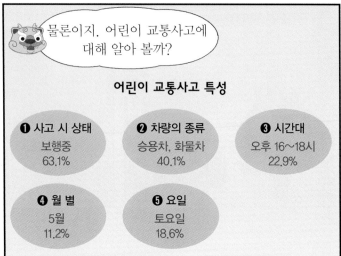
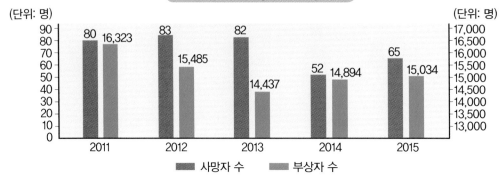

출처: 도로교통공단(TAAS, 교통사고분석시스템)

정말 사고가 많이 일어나는 구나!

그럼 사고를 예방하기 위해서 어떻게 해야 되나요?

첫 번째로는 안전한 장소에서 놀아야 된단다.

차 주위에서 놀거나 차 통행이 많은 골목길과 주차장도 사고 위험이 있지. 항상 운동장과 놀이터 등 안전한 곳에서 놀아야 해.

끼 익

두 번째로는 자전거나 퀵보드, 인라인스케이트 등을 탈 때 항상 안전 장비를 착용하여야 한단다. 사고 시 머리 손상을 85%나 줄일 수 있거든.

슈 웅

부 웅

세 번째로는 갑자기 차가 나올 수 있는 길모퉁이, 사거리, 주차장 출입구나 주차 차량 부근에서는 항상 확인하고 보행해야 한단다.

깜 짝

항상 주위를 잘 확인하며 걸어야겠어요.

빠 빠 빠 빠

깜 짝

시끄럽게 저렇게 다니면 어떡해!

빠 빠 바 빠 바 빠

오토바이를 개조해서 저런 소리가 난단다.

뭐야 헬멧도 안 썼잖아. 사고 나면 어쩌려고.

척

오토바이 핸들이나 머플러를 ...면 다른 사람에게 피해를 줄 뿐 아니라 위험하단다.

무엇보다 보호 장구를 갖추고 타지 않으면 크게 다치거나 사망에 이를 수 있지.

정말 무섭네요!

어어, 어서 비켜! 자전거 브레이크가 고장 났어!

엉?

파바박

으악!

이봐요!

슈웅

뭐야, 인도에서 자전거를 타고 있어.

다치지 않았니?

네!

저렇게 자전거 점검도 안 하고 타면 위험한데 말이야…

저는 자전거 타기 전에는 타이어나 브레이크는 꼭 체크를 한답니다!

자전거 안전 주행방법

❶ 보도에서는 보행자가 우선이므로 양보하며 천천히 주행
❷ 도로에서는 우측 가장자리 쪽에서 주행
❸ 자전거 도로가 있으면 전용 도로를 이용
❹ 자전거도 신호등을 준수하며 주행
❺ 좁은 길에서 큰 길로 나갈 때 좌우를 확인하고 주행
❻ 턱을 올라갈 때 수직으로 이동
❼ 자전거 출발과 멈출 때 안정된 자세 유지
❽ 앞뒤 브레이크 기능과 위치 확인
❾ 주행속도를 준수
❿ 오른쪽으로 타고 내림
⓫ 야간 시 전조등 사용
⓬ 휴대폰과 이어폰 금지
⓭ 음주운전 금지
⓮ 밝은 색상 옷 착용
⓯ 통이 큰 바지는 밴드로 고정
⓰ 모자나 긴 머플러 착용 삼가
⓱ 변속기 자전거 체인 위치 확인

재난대처방법 교통안전

자전거 주행 전 점검사항

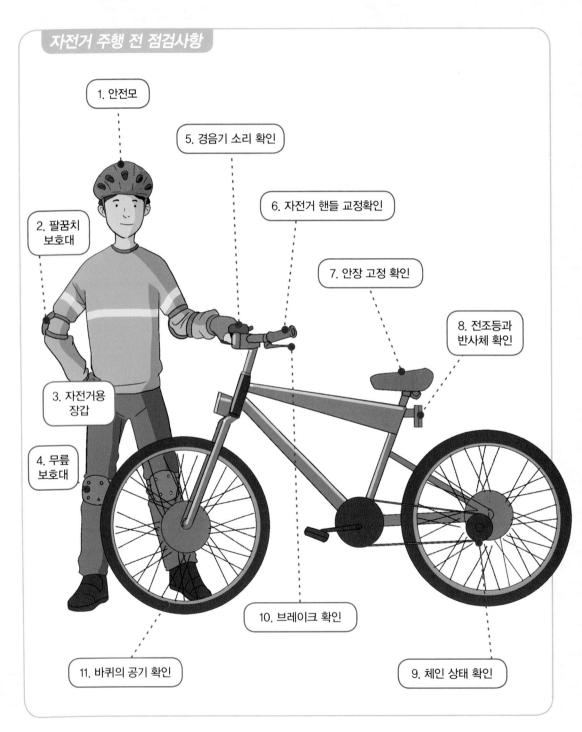

1. 안전모
2. 팔꿈치 보호대
3. 자전거용 장갑
4. 무릎 보호대
5. 경음기 소리 확인
6. 자전거 핸들 교정확인
7. 안장 고정 확인
8. 전조등과 반사체 확인
9. 체인 상태 확인
10. 브레이크 확인
11. 바퀴의 공기 확인

도로횡단 5원칙

출처 : 생활안전 길라잡이, 서울시

❶ 횡단보도 앞에서 우선 멈춘다

공이 도로에 들어가거나 친구가 불러도 도로에 뛰어들지 않는다.

❷ 횡단보도에 멈춘 후 좌, 우를 살핀다.

녹색 등으로 바뀌기 전까지는 도로에 내려가지 않는다.

❸ 횡단보도 오른쪽에 위치하고 녹색 등이 바뀌면 손을 들어 건너가겠다는 신호를 보낸다.

차는 왼쪽에서 오므로 횡단보도 오른쪽으로 건너야 거리가 더 멀어진다.

❹ 차가 멈췄는지 살핀다.

녹색 등에도 차가 횡단보도를 지나갈 수 있어서 꼭 차가 멈추었는지 확인한다.

❺ 차를 계속 보며 걷는다.

차가 처음에는 멈췄지만 갑자기 움직일 수 있어 횡단하는 동안 차를 계속 쳐다본다.

어린이 교통 사고 유형 10가지

출처: 한국교통안전공단

❶ 신호등 있는 횡단보도 사고

❷ 갑자기 뛰어나오다 발생한 사고

❸ 무단횡단 사고

❹ 큰 차가 회전하다 발생하는 사고

❺ 차 뒤, 밑에서 놀다 발생하는 사고

❻ 버스의 바로 앞, 뒤 횡단 사고

❼ 신호등 없는 횡단보도 사고

❽ 보호 장구 미장착으로 인한 사고

❾ 주 · 정차된 차량 사이 횡단 사고

❿ 자전거, 킥보드 사고

눈비가 오거나 야간 시 보행 방법

❶ 비나 눈이 오면 차량 정지거리가 길어지고 보행도 힘들다. 무단횡단은 절대 금물.

❷ 야간에는 보행자를 차가 보지 못할 수 있어, 보행자는 도로 중간에 멈추지 않는다.

건널목 통행 방법

❶ 차도를 건널 때는 횡단부두나 지하도, 육교 등을 이용한다.

❷ 횡단보도를 건널 때는 보도 오른쪽에서 좌우를 살피고 신속히 횡단한다.

이륜차 안전하게 타는 방법

❶ 주행 중 반드시 헬멧을 착용하고, 횡단보도 이용시에는 내려서 끌고 걸어 간다.

❷ 도로가 미끄러울 때 서행하며, 야간 주행 시에는 더욱 안전 거리를 지켜 주행한다.

자동차 안전

어? 아까 선은 흰색이였는데 지금은 노란색으로 바뀌었네.

어? 뭘 그렇게 보고 있어?

아니, 도로 가장자리 선이 좀 전에는 흰색 선이였는데 노란색 실선으로 바뀌었다가 지금은 노란색 점선으로 또 바뀌었네.

무슨 소리야, 노란 선만 있지!

아니란다. 도로에 따라서 선 색이 다른데 많은 사람들도 헷갈리거나 잘 모른단다.

그럼 간단하게 설명해 줄게.

도로 가장자리 주정차선

정차

주차, 정차 허용

주차

흰색 실선 일 때

정차

5분 이내 정차만 가능

주차

노란색 점선 일 때

출처: 경찰청 공식블로그 '폴인러브'

노란색 실선

노란색 실선 2개

도로 차선의 종류

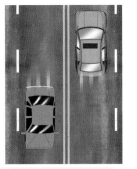

황색 실선과 복선

상대방 차선에 넘어가서는 안 된다.

황색 점선

일시적으로 상대방 차선에 넘어 갈 수 있으나
다시 진행방향 차로로 돌아와야 한다.

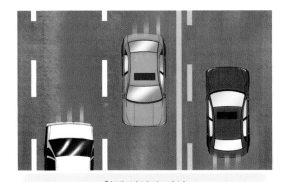

황색 실선과 점선

점선 쪽에서는 교통 흐름을 살피면서 넘어갈 수
있지만 실선 쪽에서는 넘을 수 없다.

가변차로의 중앙선

화살표 진행방향 표시 가장 왼쪽 황색 점선이
중앙선이다.

그럼 내가 자동차 사고의 발생원인에 대해 설명해 줄게!

(1) 인위적 요인

신호위반, 차선위반, 속도위반, 안전거리 미확보, 안전운전 불이행, 음주운전, 무면허 운전, 안전벨트 미착용, 운전 중 핸드폰 사용, 졸음 및 과로 운전, 교차로 운행 위반, 보호자 보호 의무 위반 등과 보행자로 인한 자동차 사고가 있다.

(2) 차량 요인

차량 운행 중 엔진 정지로 인한 사고, 오르막길에 주차된 사이드브레이크 결함으로 인한 사고, 급발진 사고, 운행 중 타이어 펑크로 인한 사고 등.

(3) 환경적 요인

도로 결함으로 발생하는 사고, 안전표지판 미설치로 인한 사고, 방호벽이 없는 다리, 심하게 굽어진 도로 사고 등.

여러 가지 원인으로 사고가 발생하는구나!

어? 저 아이는 뒷자석에서 안전벨트도 안 맸어.

저러면 안되는데, 사고가 나면 아이들은 더 크게 다칠 수 있는데 말이야.

안전아, 그럼 아이들이 차를 탈 때 안전수칙은 어떤 게 있을까?

그래, 잘 들어 봐!

어린이 차량 탑승 안전 수칙

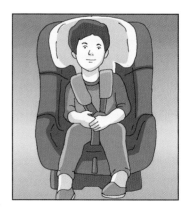

(1) 부모가 아이를 안고 타서는 안 된다.

(2) 차량용 어린이 보호 장구는 아이의 체격과 안전성을 보고 선택한다.

(3) 13세 미만인 어린이는 반드시 자동차 뒷좌석에 타도록 한다.

(4) 자동차 뒷좌석에서도 보호 장구와 안전벨트를 꼭 착용해야 한다.

(5) 어린이가 자동차 창문 밖으로 머리나 손을 내밀지 못하게 한다.

(6) 안전벨트는 비틀어지거나 꼬이지 않고 바르게 펴서 매도록 한다.

(7) 성인용 안전띠는 아이의 몸에 맞지 않기 때문에 위험할 수 있다.

(8) 아이를 차 안에 혼자 두어서는 안 된다.

(9) 차량이 햇볕에 장기간 노출 시, 뜨거운 부분이 아이 살에 닿지 않도록 한다.

그럼 우린 카시트 할 체형과 나이가 지나서 안 하는 거구나.

맞아!

끽ー

삼촌, 무슨 일이에요.

신호등이 없는 교차로인데 다른 차가 멈추지 않고 지나갔구나.

삼촌, 우리도 그냥 가요.

안 돼. 신호등이 없어도 규칙이 있단다.
신호등 없는 교차로의 통행 우선순위를 알려 줄게.

신호등 없는 교차로 통행 우선순위

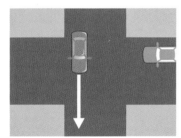

먼저 교차로에 진입한 차에 양보

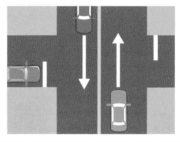

폭이 넓은 도로에서 진입한 차에 양보

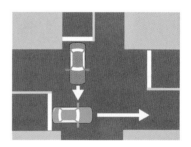

운전자를 보호하기 위해 우측 도로에서 진입한 차에 양보

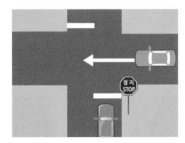

일시 정지 또는 양보 표지가 없는 쪽 통행 차량이 양보

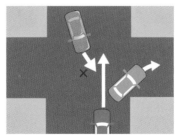

좌회전시 직진과 우회전 차에 양보

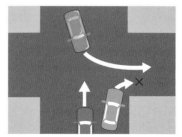

직진 및 우회전 시 먼저 진입한 좌회전 차에 양보

삼촌, 안개와 빗길 그리고 눈길 등에서도 사고가 많이 일어나는데, 그때는 어떻게 운전해야 되나요?

그건 내가 설명해 줄게.

역시, 안전이는 모르는 게 없다니까.

하하, 뭘!

안개 시 안전운행

1. 전조등과 안개등을 켜서 전방을 확인한다.
2. 안전거리를 충분하게 유지한다.
3. 운행 중 위험을 느꼈을 때 경음기를 울린다.
4. 급브레이크나 갑작스런 감속은 추돌 위험이 있다.

야간 안전운행

1. 교차로 통과 시 낮보다 속도를 줄여 통과한다.
2. 시야가 좋지 않은 교차로나 커브 길을 통과할 때 전조등을 위아래로 비춘다.
3. 피곤하거나 졸음이 오면 휴식을 취한다.
4. 전조등과 차폭등을 켜고 방향지시등을 꼭 한다.

빗길 안전운행

1. 날씨가 흐려 어두우므로 전조등을 켜고 주행한다.
2. 급정거 시 차량이 전복 될 수 있어서 브레이크를 밟을 때는 여러 번 나누어 밟는다.
3. 물이 고인 곳은 가능한 피해서 운행한다.
4. 비로 인해 노면이 미끄러워 정지거리가 길어지므로 속도를 맑은 날보다 20% 감속하고 충분히 안전거리를 유지한다.

눈과 빙판길 안전운행

1. 눈길 주행 시 감속하고 안전거리를 유지한다.
2. 언덕길 올라가기 전에 1단이나 2단으로 운행하며 중간에 변속하여 멈추지 않고 오른다. 만약 오르막길에 섰을 때는 2단으로 출발한다.
3. 급출발과 급제동 그리고 급 핸들 조작은 차가 미끄러질 수 있으므로 해서는 안 된다.
4. 눈이 쌓인 도로를 지날 때는 미리 스노우타이어를 끼우거나 체인을 감는다.

재난대처방법 교통안전

엔진오일　냉각수　브레이크 액

타이어 공기압　운전석 조정

① 운행 전에 타이어 공기압, 등화장치 상태, 엔진오일, 냉각수, 브레이크 액 등을 살피고 운전자의 체형에 맞게 운전석을 조정한다.

② 안전벨트는 하복부에 주먹 하나가 들어갈 수 있게 꼬이지 않게 착용하며, 핸들은 10시 10분 방향으로 가볍게 잡는 게 좋다.

③ 주행 중에는 계기판과 경고등 및 이상 증세가 없는지 살피며, 어떤 상황에서도 대처 할 수 있게 방어 운전을 한다.

④ 음주운전은 두뇌활동을 저하시키며 시야를 좁게 만들고 신체의 기능 및 판단력을 떨어뜨리므로 절대 해서는 안 된다.

⑤ 주행 중 피로로 인해 졸음운전을 하게 되면 대형사고가 발생하게 된다. 반드시 휴식을 취한 후에 주행하여야 한다.

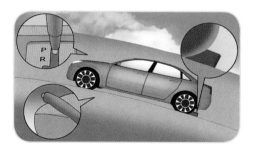

⑥ 경사로 주차시 주차브레이크를 하며, 수동변속기는 오르막일 때 1단, 내리막일 땐 후진으로 한다. 타이어엔 고임목을 한다.

출처: 경찰청

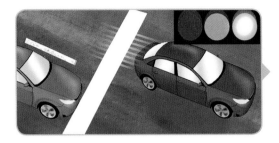

① 예측 출발을 하지 않고 신호를 지킨다.

신호 순서는 직진신호가 먼저 주어
진다. 예측 출발은 교통사고의 원인
이 될 수 있으므로 신호를 지키고
예측 출발을 하지 않는다.

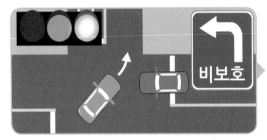

② 녹색 신호에서 비보호 좌회전을 한다.

비보호 좌회전을 할 때는 녹색신호
에서 마주 오는 직진차를 방해하지
않고 안전하게 좌회전을 한다.

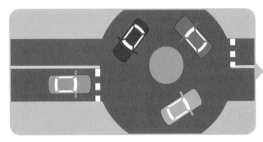

**③ 회전교차로 통행 시 회전하는 차량에
양보한다.**

회전교차로에서는 서행을 하며 회
전하는 차량에 양보를 하여야 한다.

④ 지정차로를 준수한다.

차종에 따라 정해진 차로가 있다.
승용차는 상위차로, 화물차와 버스
는 하위차로를 이용하고 고속도로 1
차로는 추월할 때 이용한다.

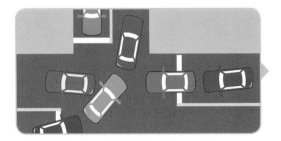

⑤ 교차로에서 꼬리 물기를 하지 않는다.

교차로가 혼잡할 때는 녹색신호라
고 무조건 교차로에 진입하지 말고,
교통 흐름에 맞춰 교차로에 진입하
도록 해야 한다.

회전교차로 통행 방법

- ☑ 회전교차로 진입 시 반시계 방향으로 통행한다.
- ☑ 회전교차로 진입 시 과속을 하면 충돌위험이 있어 서행한다.
- ☑ 회전교차로 진입 차량은 회전차량에게 양보한다.
- ☑ 회전교차로 진출 시 우측 방향지시등을 켠다.

출처: 도로교통공단

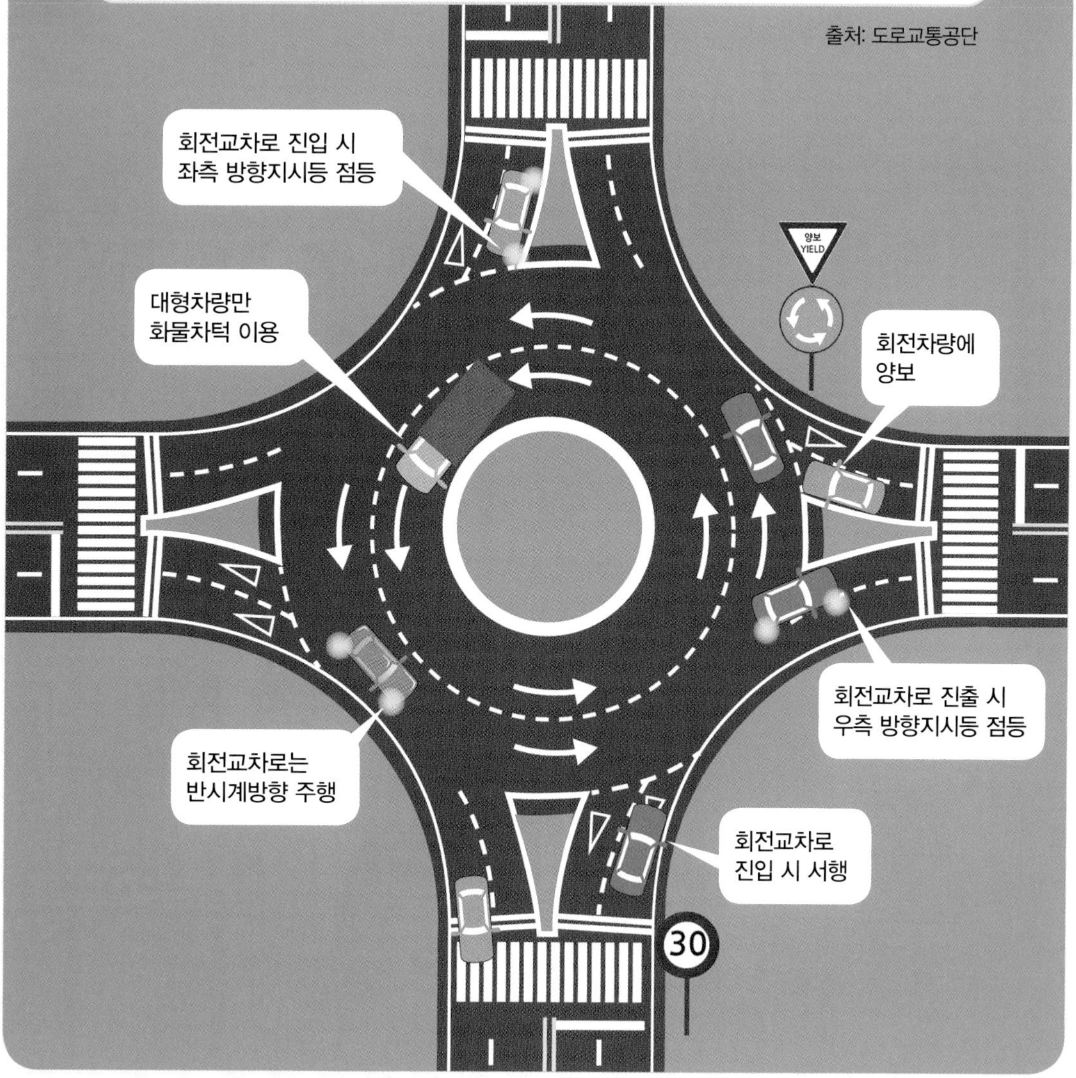

회전교차로 진입 시
좌측 방향지시등 점등

대형차량만
화물차턱 이용

양보
YIELD

회전차량에
양보

회전교차로는
반시계방향 주행

회전교차로 진출 시
우측 방향지시등 점등

회전교차로
진입 시 서행

30

3-3 대중교통 안전

지금 출발하면 영화 시간에 늦지 않겠다.

아니!

아저씨, 일어나세요. 여긴 임산부석이잖아요.

아이고, 깜짝이야!

귀청 떨어지겠네, 미, 미안해!

고맙다.

뭘요.

안 돼!

으라차~~

휴~ 간신히 들어왔네.

맞아, 반드시 스크린 도어가 닫히면 위험하게 뛰어 타지 말고 다음 열차를 기다려야 돼.

문이 닫히는데 저렇게 무리하게 탑승하면 다칠 수 있는데 말이야.

다음 정차할 곳은 ○○○입니다. 내리실 문은 오른쪽입니다.

우리 여기서 내려서 버스로 갈아타야 해.

윽, 이러다 못 내리겠어.

그러게 먼저 내리고 타야 하는데.

휴~, 다행히 내리긴 했는데, 사람들이 기본을 안 지켜!

안전아, 지하철을 이용하기 위해서는 어떤 걸 지켜야 될까?

그럼 지하철 안전하게 이용하는 방법에 대해 알려줄게.

SAFE

열차 문이 닫힐 때에는 서둘러 타지 말고 다음 열차를 기다려야 해!

소지품이 스크린도어나 출입문에 끼이지 않도록 하며 억지로 열거나 기대지 말아야 해.

화재가 발생하면 119나 콜센터에 전화하고 긴급 상황 시 비상 장치를 사용해야 한단다.

모두 내린 다음 승차하고 승강장과 열차 사이에 발이 빠지지 않도록 조심해야지.

그리고 평소에 열차 내에 있는 안전장치를 기억해 놓으면 좋아.

그렇구나, 사람들도 잘 알아둬서 행동으로 옮겼으면 좋겠다.

저기 버스 정류장이 있다.

어, 버스 왔다.

버스 정류장에서 한 줄로
서서 버스가 완전히 멈출
때까지 기다려야 하지.

버스 안에서는 다른 승객에게
피해를 줄 수 있는 장난을 하거나
시끄럽게 떠들면 안 돼!

창밖으로 머리나 손을
내밀지 말고 안이나 밖에 쓰레기를
버려선 안 돼.

이것도 중요해. 손잡이나
좌석 손잡이를 잡고 버스에서 내릴
때는 완전히 멈춘 후 주위를 잘
살피고 내려야 해.

그렇구나!
잘 기억해 둬야겠네.

저도요.

저렇게 애완동물을 전용 운반용기에
넣지 않고 다니면 안 되는데.

애완동물은 대중교통을
어떻게 이용해야 할까?

애완동물의 올바른 대중교통 이용법을 알려 줄게.

시내, 시외버스, 고속버스 이용하는 방법

운송회사마다 차이는 있지만 대부분 장애인 보조견과 전용 운반용기에 넣은 애완동물은 탑승이 가능하다. 그래도 문의 후 탑승하도록 한다.

지하철 이용하는 방법

운반용기에 넣은 작은 애완동물의 경우, 다른 승객에게 피해가 없도록 조치를 취한 후에는 탑승할 수 있다.

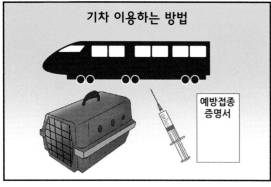

기차 이용하는 방법

전용 운반용기에 애완동물을 넣어 보이지 않게 하고, 냄새가 나지 않도록 한다. 광견병 등 예방접종 증명서를 휴대하고 탑승한다.

비행기 이용하는 방법

운반용기를 넣고 예방접종 증명서 등을 지참해야 하며, 기내 탑승은 용기의 무게와 부피 제한이 있으니 항공사에 미리 문의하여야 한다.

그렇구나, 버스에서 애완동물을 데리고 탈 때는 꼭 전용 운반용기 넣어서 타야겠구나.

이번이 우리가 내리는 곳이야.

재난대처방법 교통안전

버스에서

① 버스 탈 때는 인도에서 한 줄로 서서 차례대로 버스에 탄다. 버스 안에서는 시끄럽게 떠들거나 장난치지 않는다.

② 노약자나 임산부에게 자리를 양보하고, 통화는 작은 소리로 간단히 하며 음식을 먹지 않는다.

③ 다리는 버스에서는 손잡이를 잡고, 창밖으로 손이나 머리를 내밀지 않는다. 또한 애완동물은 전용 운반용기에 넣도록 한다.

④ 배낭 등으로 다른 승객에게 불편을 끼치지 말며, 내릴 때는 주위를 살핀 후에 내려 안전사고를 예방한다.

지하철에서

① 전동차는 노란색 안전선 뒤에서 기다리며 혼잡한 역에서는 네 줄 서기를 하여 통행에 불편을 줄이도록 한다.

② 전동차와 승강장 사이에 발이 빠지지 않도록 조심하며, 음료수나 컵을 들고 타지 않도록 한다.

③ 전동차 안에선 큰소리로 떠들거나 장난치지 말며, 휴대전화는 진동으로 하고 작은 소리로 간단히 통화하도록 한다.

④ 자리에 앉을 때는 다리를 벌리거나 꼬아서 앉지 말고 장애인, 노약자, 임산부 등을 위해 자리를 비워두거나 양보한다.

여객선에서

① 여객선을 이용할 때는 신분증을 지참해야 하며 반드시 출항 10분 전까지 승선을 마쳐야 한다.

② 구명조끼 위치와 사용법을 익혀 두고, 비상 대피로를 미리 파악한다. 사고 발생 시에는 곧바로 119로 신고한다.

비행기에서

① 비행기에선 안내방송에 귀를 기울이고, 비상구나 안전 관련 사항을 숙지해 둔다. 또한 이착륙 시나 난기류 때 안전벨트를 착용한다.

② 기내 반입 금지 물품이나 위탁 금지 물품 등을 사전에 확인하고, 탑승 전 후로 과식이나 과음을 하지 않는 게 좋다.

대한민국의 도시 철도

수도권 전철

수도 서울을 중심으로 서울특별시, 인천광역시, 경기도, 강원도 춘천시와 충청남도 아산시, 천안시까지 운행하는 도시 지하철을 포함하여 한국철도공사에서 운영하는 광역철도 및 신분당선, 인천국제공항철도 등을 포함하는 대규모 노선체계이다.

대구도시철도

대구도시철도공사에서 관리를 하고 있고 대구광역시와 그 주변의 광역권의 도시 철도노선을 말한다.

대전도시철도

대전광역시 관내를 운행하며, 2006년 3월 최초 운행하여 2018년 현재 1개 노선 22개 역 20.5km를 운행하고 있다.

부산도시철도

부산광역시와 경상남도 김해시와 양산시에 운영되는 도시 철도 및 광역전철로 2018년 현재 6개 노선이 운행되고 있다.

광주도시철도

광주광역시 관내를 운행하며, 2004년 4월 최초 운행하여 2018년 현재 1개 노선 20개 역 20.1km를 운행하고 있다.

서울특별시
대전광역시
대구광역시
부산광역시

서울 버스색깔의 의미

파란(간선)버스
서울시 도심과 외곽 등 시내 및 장거리를 운행

초록(지선)버스
간선버스 및 지하철 연계와 도심 운행

노랑(순환)버스
수요가 많은 도심 등에 순환하며 운행

빨강(광역)버스
광역버스로 서울과 수도권 급행 운행

차량 안전 관리 및 운행법

아빠, 여름철에는 타이어 뿐만 아니라 어떤 위험 요소가 또 있을까요?

아주 좋은 질문이구나!

그럼 다른 위험요소에 대해 살펴보자.

여름철 직사광선으로 차량 내부에 있던 가스라이터나, 휴대폰 배터리가 폭발하게 되어 화재가 날 수 있지. 그래서 실내에 주차를 하고 만약 실외에 주차를 하면 창유리를 살짝 내리거나 햇빛 차단막을 설치하고 폭발성 있는 물질은 치워야 해.

하르르르

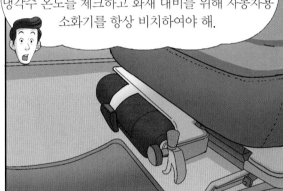

폭염 속에서 장시간 주행할 경우 엔진 과열로 화재가 발생할 수 있으므로 정지 상태나 주행 중에 냉각수 온도를 체크하고 화재 대비를 위해 자동차용 소화기를 항상 비치하여야 해.

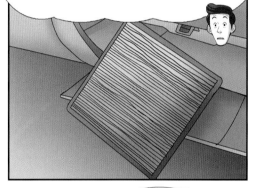

차량 에어컨에 세균이 번식해 실내 공기가 오염될 수 있어서 목적지 도착 2분 전에는 에어컨을 끄고 송풍 상태로 주행을 하고, 에어컨 필터는 정기적으로 교체하는 게 좋아.

그렇군요. 특히 폭발 위험성이 있는 물건은 항상 갖고 내리는 습관을 길러야겠어요.

물론이지!

어, 저기 뭐하고 있는 거지?

아마 자동차 배터리가 방전이 돼서 그럴 거야.

방전이요? 그게 뭔가요?

차 배터리에 충전된 전력이 모두 소모된 것을 말하지. 그렇게 되면 시동이 걸리지 않거든.

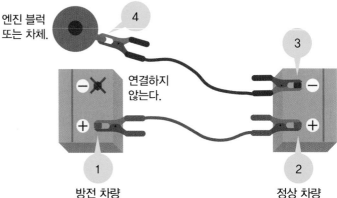

엔진 블럭 또는 차체.

연결하지 않는다.

방전 차량   정상 차량

배터리 점프 방법

❶ 방전 차량 배터리 +단자에 빨간 케이블 연결

❷ 빨간 케이블 반대쪽을 정상 차량 배터리 +단자 연결

❸ 검은색 케이블을 정상 차량 배터리 −단자 연결

❹ 검은색 케이블 반대쪽을 방전 차량 엔진몸체에 연결. (−단자에 연결하면 폭발위험성이 있음.)

환경을 지키는 운전 법!

친환경 경제운전 10가지

출처: 서울특별시 (친환경 경제운전 10계명)

❶ 경제속도 시속 60~80km 주행 시 연비가 가장 높다.

❷ 내리막길에서는 가속페달을 밟지 않으면 연료의 약 20% 이상 절약된다.

❸ 급출발, 급가속, 급제동인 '3급'을 하지 않는다.

❹ 불필요한 공회전을 하지 말아야 한다. 5분 공회전 시 1km이상 주행할 연료가 낭비된다.

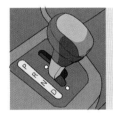

❺ 신호대기 시 기어를 중립모드(N)로 하면 구동모드(D)보다 연료절감 및 대기오염을 줄일 수 있다.

❻ 주행 중에는 가급적 히터와 에어컨을 줄이고 내부온도에 따라서 켜거나 끈다.

❼ 트렁크에 불필요한 짐은 비우는 게 좋다. 짐 10kg을 싣고 50km를 달리면 80cc의 연료를 낭비한다.

❽ 인터넷과 교통방송, 네비게이션 등을 활용하여 출발 전에 교통정보를 확인하고 도로가 막히면 대중교통을 이용한다.

❾ 한 달에 한번은 자동차를 점검하여 타이어 공기압 및 엔진오일 등 교환주기를 준수한다.

❿ 유사연료를 사용하면 차량 고장의 원인이 되며 오염물질이 증가하여 환경에도 악영향을 준다.

재난대처방법 교통안전

계절별 차량관리 법

봄

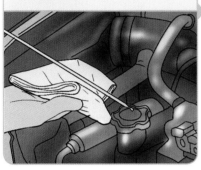

① 일반타이어로 교체하고 공기압도 적정수준으로 맞추고 체인은 경유 등으로 닦은 후 잘 보관한다.

② 브레이크 액을 점검하여 부족하면 보충해주고 2~3년 정도에 한 번씩 교환하는 것이 좋다.

③ 에어컨을 사용하여 정상 작동 되는지 보고 성능도 확인한다.

④ 배터리 상태를 살피고 걸레로 깨끗이 닦아주며 단자는 칫솔이나 쇠 브러쉬로 털어낸 후 단단히 조여 준다.

⑤ 겨울철에 잦은 시동으로 엔진오일이 변질 될 수 있어서 상태를 확인하고 교환 및 보충해 준다.

⑥ 차량 문과 트렁크에 이물질을 제거하고, 겨울철 염화칼슘으로 차량 하부가 부식되기 쉬우므로 세차 시 하부 세차를 한다.

여름

① 빗길 사고 예방을 위해 타이어 마모 상태를 잘 확인하고 알맞은 공기압을 유지한다.

② 여름철에는 브레이크 패드와 라이닝이 가열되어 '페이드 현상'을 일으킬 수 있어서 오랜 주행 시에는 점검이 필요하다.

③ 에어컨이 정상 작동 되는지, 벨트 손상은 없는지 확인한다.

④ 냉각수를 주기적으로 점검하고 부족하면 물과 50:50으로 혼합하여 보충한다.

⑤ 와이퍼 작동상태를 2~3일에 한 번씩 확인하고 유리가 잘 닦이지 않으면 와이퍼 블레이드(고무)를 교체해 준다.

⑥ 빗길 주행 시 수막현상을 주의해야 하며, 장마철에는 타이어 공기압을 10% 이내로 높여준다.

가을

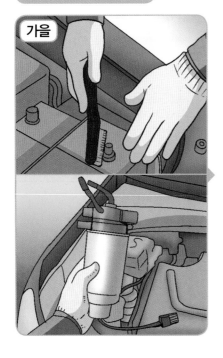

① 겨울철을 대비하여 낡거나 마모가 심한 타이어는 교체해 주고 서리가 내리면 스노우 체인을 꺼내서 녹 등을 제거해 준다.

② 겨울을 대비하기 위해 히터가 정상 작동되는지 살펴본다.

③ 배터리 상태를 살피고 걸레로 깨끗이 닦아주며 단자는 칫솔이나 쇠 브러쉬로 털어낸 후 단단히 조여 준다.

④ 습기로 인해 전기 계통에 문제가 없는지 꼼꼼하게 점검하고, 차 문과 트렁크를 열어 환기한다.

⑤ 가을철에 안개가 자주 발생하는데 평소에 안개등 상태를 점검하여 관리한다.

⑥ 연료필터는 2만km마다 교환을 하고 연료 바닥 파이프에 이상이 없는지 점검한다.

겨울

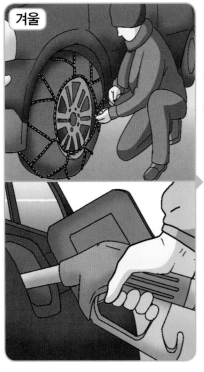

① 눈이 오면 스노우 타이어를 장착하거나 스노우 체인을 사용한다.

② 유리 열선이 잘 작동되는지 살피고, 히터가 따뜻하지 않거나 예진 예열 시간이 길면 정비소에 가서 서머스텟을 점검한다. 에어컨도 2주에 한 번 켜 놓는 게 좋다.

③ 배터리 수명은 2~3년이므로 2년이 넘을 시 점검을 받고 배터리 액이 부족하면 보충을 하며 이물질이 생기지 않도록 칫솔과 브러쉬로 청소한다.

④ 와이퍼가 유리창에 자국을 남기거나 닦이지 않으면 와이퍼 블레이드(고무)를 교체해 주고 워셔액은 사계절용으로 사용한다.

⑤ 겨울철 연료 Line에 수분이 있으면 얼어서 시동이 걸리지 않을 수 있다. 디젤엔진이 커먼레일 시스템이면 수시로 점검하여 연료필터에 물을 빼주어야 수분이 얼지 않는다.

출처: mecar(www.mecar.or.kr)

배전기 캡 및 배선
매 15,000km 교환

에어크리너
매 3,000~5,000km
교환

냉각수
매 20,000km 교환

브레이크액
매 20,000km 교환

점화플러그
매 15,000km 교환

엔진오일 및 필터
매 3,000~5,000km 교환

배터리
매 60,000km 교환

클러치 디스크
매 80,000km 교환

연료필터
매 20,000km 교환

브레이크 라이닝
매 30,000km 교환

타이어
마모 한계선 되기 전

미션오일
수동 변속기: 매 40,000km 교환
자동 변속기: 매 20,000km 교환

벨트 류
타이밍벨트: 매 60,000km 교환
구동벨트: 매 20,000km 교환

브레이크 패드
매 20,000km 교환

⚠4 시설안전

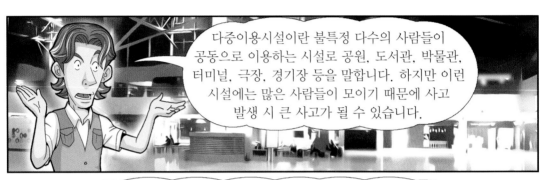

다중이용시설이란 불특정 다수의 사람들이 공동으로 이용하는 시설로 공원, 도서관, 박물관, 터미널, 극장, 경기장 등을 말합니다. 하지만 이런 시설에는 많은 사람들이 모이기 때문에 사고 발생 시 큰 사고가 될 수 있습니다.

무엇보다 이런 다중이용시설에 화재가 발생하면 대형 참사로 이어질 수 있으며 이보다 면적이 작은 음식점이나 찜질방, 노래연습장, pc방과 같은 다중이용업소는 밀폐된 공간과 비좁은 통로 등으로 인해 불길과 연기가 삽시간에 퍼지는 요건을 갖추고 있습니다.

다중이용업소 화재현황 (2007.11~2012.11)

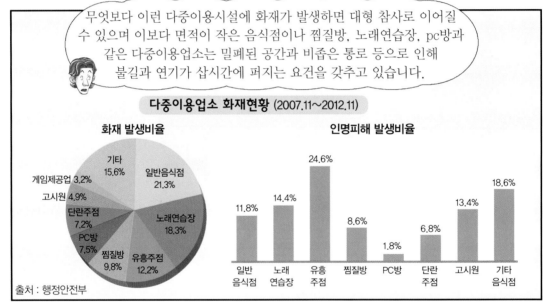

화재 발생비율

- 기타 15.6%
- 일반음식점 21.3%
- 게임제공업 3.2%
- 고시원 4.9%
- 단란주점 7.2%
- PC방 7.5%
- 찜질방 9.8%
- 유흥주점 12.2%
- 노래연습장 18.3%

인명피해 발생비율

일반 음식점	노래 연습장	유흥 주점	찜질방	PC방	단란 주점	고시원	기타 음식점
11.8%	14.4%	24.6%	8.6%	1.8%	6.8%	13.4%	18.6%

출처 : 행정안전부

2017년 12월 21에 제천 사우나 건물 화재가 있었습니다. 이 건물은 외벽이 화재에 취약하였고 내부 또한 미로처럼 복잡하고 통로가 좁았다고 합니다. 이 안타까운 화재로 29명이 사망하였고 37명이 부상을 당하였습니다. 다시는 이런 화재가 발생하지 않도록 노력해야 되겠습니다.

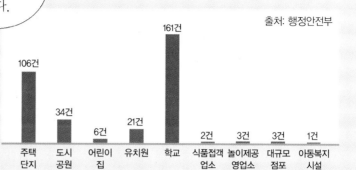

다음으로 우리 아이들이 즐겨 찾는 어린이 놀이시설에 대해 알아보겠습니다. 아이들이 뛰어 놀며 즐기는 공간이다 보니 사고도 많은데, 어디서 많이 일어나는지 살펴보겠습니다.

2016년 어린이 놀이시설 설치장소별 사고 현황

출처: 행정안전부

주택단지 106건 / 도시공원 34건 / 어린이집 6건 / 유치원 21건 / 학교 161건 / 식품접객업소 2건 / 놀이제공영업소 3건 / 대규모점포 3건 / 아동복지시설 1건

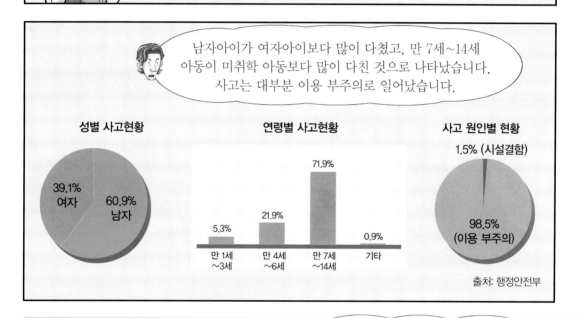

남자아이가 여자아이보다 많이 다쳤고, 만 7세~14세 아동이 미취학 아동보다 많이 다친 것으로 나타났습니다. 사고는 대부분 이용 부주의로 일어났습니다.

성별 사고현황
39.1% 여자 / 60.9% 남자

연령별 사고현황
만 1세~3세 5.3% / 만 4세~6세 21.9% / 만 7세~14세 71.9% / 기타 0.9%

사고 원인별 현황
1.5% (시설결함) / 98.5% (이용 부주의)

출처: 행정안전부

우리 아이들이 뛰노는 놀이시설을 제대로 관리하지 않는다면 안전사고의 위험이 더 커지게 될 것입니다.

이처럼 우리가 여가 생활을 즐기는 공간과 아이들이 뛰어 노는 놀이 시설에 대한 안전을 제대로 챙기고 예방하여 우리 삶의 질을 높이는 것이 필요합니다.

4-1 다중이용시설 안전

와, 내가 좋아하는 과자가 여깄네!

우리 저쪽으로….

뒤에 카트가 오고 있어 조심해!

어?

으악.

앗!

내가 막아 줄게!

다친 곳은 없니? 미안하구나!

안전아, 고마워!

헤헤, 이 정도 가지고 뭘!

큰일 날 뻔 했구나!

아빠, 대형마트는 물건이 많고 좋긴 하지만, 사람들이 너무 많고 쇼핑카트 때문에 좀 위험해요.

맞아, 대형마트에서 장을 보기 위해서는 꼭 필요한 쇼핑카트지만, 안전사고 발생도 높은 편이지.

맞아요. 대형마트 시설관련 사고가 매년 증가하고 있다고 해요.

그럼, 2015년부터 2017년 10월까지 대형마트 사고 발생 건수를 알아볼까요.

2015년~2017년 10월 대형마트 안전사고 현황

연도	2015년	2016년	2017년 10월	합계
건수	298건	175건	179건	652건

출처: 한국 소비자원

출처: 한국 소비자원

2015년~2017년 10월 대형마트 시설별 사고 현황

(단위 : 건, %)

구분	2015년	2016년	2017년 10월	합계
쇼핑카트	80(26.8%)	47(26.8%)	39(21.8%)	166(25.5%)
무빙워크(에스컬레이터)	90(30.2%)	41(23.4%)	28(15.6%)	159(24.4%)
바닥 및 계단	42(14.1%)	20(11.4%)	30(16.8%)	92(14.1%)
상품 및 진열대	12(4.0%)	22(12.6%)	12(6.7%)	46(7.1%)
문	18(6.0%)	8(4.6%)	19(10.6%)	45(6.9%)
주차장	20(6.7%)	4(2.3%)	11(6.1%)	35(5.4%)
유아용 놀이시설	7(2.4%)	8(4.6%)	12(6.7%)	27(4.1%)
편의시설 및 의자	7(2.4%)	7(4.0%)	5(2.8%)	19(2.9%)
엘리베이터	3(1.0%)	4(2.3%)	5(2.8%)	12(1.8%)
유모차 및 휠체어	6(2.0%)	1(0.6%)	1(0.6%)	8(1.2%)
지게차 및 적재물	3(1.0%)	1(0.6%)	2(1.1%)	6(0.9%)
기타 시설물	10(3.4%)	12(6.8%)	15(8.4%)	37(5.7%)
합 계	298(100.0%)	175(100.0%)	179(100.0%)	652(100.0%)

보는 바와 같이 쇼핑카트가 가장 많이 발생하고 그다음으로 무빙워크 사고, 그 뒤를 이어 바닥과 계단에서 사고가 많이 발생하죠.

생각보다 쇼핑카트로 인한 사고가 많이 발생하는구나.

혹시 안전하게 사용하려면 어떻게 해야 할까?

우리 그럼 쇼핑카트를 이용할 때 안전수칙에 대해 배워볼까?

그래~ 꼭 알아 둬야 할 것 같아.

맞아!

자, 그럼 먼저 쇼핑카트 좌석에는 4세 미만이거나 몸무게가 15kg 이하 어린이만 태워야 해.

15kg 이하

쇼핑카트 좌석에 앉은 어린이는 반드시 안전벨트를 착용해야 하지.

아이가 짐칸에 타거나 타서 일어서지 않도록 해야 해.

아이를 태우고 쇼핑 중에는 항상 아이와 같이 다녀야 해.

어린이가 쇼핑카트에 혼자 오르내리지 않도록 해야 하고.

쇼핑카트에 너무 많이 담지 않도록 해.

안전이가 잘 말해줬구나. 몇 가지 더 말하자면, 어린 아이가 쇼핑카트를 밀고 다니지 않도록 하고, 다른 사람과의 거리도 충분히 유지해서 사고를 미리 대비 해야 해.

이것만 잘 지키면 쇼핑카트로 인한 사고는 많이 줄겠어요.

내가 먼저 내려갈거야!

타다다닥

응?

아얏!

탁

꽈

당

뛰어다니면 어떡해! 괜찮아, 울지 마!

으아아앙

저렇게 무빙워크나 에스컬레이터에서도 장난치면 큰 사고로 이어질 수 있겠어요.

그렇지, 무빙워크나 에스컬레이터, 엘리베이터와 같은 승강기 사고 원인을 보면 이용자 과실이 가장 많은데 이게 승강기 안전 수칙을 지키지 않아서 그렇지.

OO백화점
OO소극장

모두, 천천히 나와 주세요.

우르르르

으, 갑자기 웬 사람들이 이렇게 많아졌지?

공연이 끝나서 그런가 봐.

우리 저쪽으로 가자!

꿍 꿍

휴~, 살았다. 이렇게 작은 공연장인데도 숨 막히는데. 사람이 많은 큰 공연장에서는 조심해야겠어요.

웅성 웅성

SAFE

맞아, 공연장이나 행사장에서 시작하거나 끝날 때 사람들이 한꺼번에 몰리면서 출입문 안전사고 및 압사 사고가 발생하곤 하지.

아빠, 이런 공연장과 행사장 같은 곳에서 사고가 발생하는 원인이 뭘까요?

많은 이유가 있겠지만, 그중 대표적인 몇 가지를 살펴보자.

우선, 행사장 내부의 안전관리와 질서 유지에 소홀한 경우가 많은데, 이런 안전 불감증으로 인해 큰 사고가 일어나곤 하지.

으악

공연 현장을 관리하는 요원이 용역업체에서 나왔거나 자원봉사자인 경우가 많아 교육을 받지 못하고 전문지식이 부족하며 사고발생 시 행동요령도 숙지하지 못할 때가 있어.

어떡하지!

화르르르

STAFF

행사장은 동선관리가 중요하기에 구조물 활용과 시간의 적절성, 이동거리, 대상자별 분리 등을 주요하게 관리하지만, 사람들이 몰리는 상황을 대비하지 않는다면 사고가 발생할 수밖에 없지.

우르르르

행사장을 관람하는 사람들의 태도도 중요해. 관람 규칙을 준수하고 관리요원들에 협조하며 관람석이 아닌 곳에선 관람해선 안 돼. 또 여러 사람이 다칠 수 있는 폭죽 등을 소지하면 안 되지.

그럼 지금 이건 동선관리를 못해서 이런 상황이 발생한거군요.

웅성 웅성

우리 언제 집에 갈 수 있을까?

이럴 때일수록 느긋한 마음을 갖도록 하자.

재난대처방법 시설안전

승강기 사고예방 안전수칙

☑ 엘리베이터 안전수칙

① 엘리베이터 안에서 뛰거나 기대지 않는다.
② 엘리베이터 문을 밀거나 충격을 가하는 행위를 하지 않는다.

③ 엘리베이터 문을 억지로 열지 않는다.
④ 엘리베이터 운행 시 갑자기 정지하거나 이상이 발생하면 인터폰으로 연락을 취한다.

⑤ 엘리베이터 조작 버튼을 함부로 누르지 않는다.
⑥ 엘리베이터는 노약자가 먼저 타고 내릴 수 있도록 한다.

⑦ 화재가 발생하면 엘리베이터를 타지 않고 계단을 이용한다.
⑧ 엘리베이터에 이상한 사람이 있으면 나중에 타도록 한다.

☑ 에스컬레이터, 무빙워크 안전수칙

① 핸드레일을 꼭 잡고 뛰거나 걷지 않는다.
② 에스컬레이터 이용 시 몸을 밖으로 내밀지 않는다.
③ 눈이나 비가 내리는 날에는 미끄러우므로 핸드레일을 꼭 잡는다.

④ 황색 안전선 안에 서서 이용한다.
⑤ 에스컬레이터 반대 방향으로 오르내리지 않는다.
⑥ 어린이와 노약자는 보호자와 함께 타고 옷이나 신발이 끼이지 않도록 한다.

다중이용시설 안전수칙

① 공연, 행사장 등에 입장할 때는 앞사람을 밀거나 뛰지 않는다.

② 진행요원의 안내에 따라 질서를 지켜 출입문을 이용한다.

③ 관람객은 행사의 공연시간을 확인하고 늦지 않게 입장한다.

④ 행사 운영자는 관람객에게 대처요령을 알리며 관람객은 위급상황 시 협조한다.

⑤ 공연, 행사장과 같은 공공장소 등에서는 음주와 흡연을 삼가해야 한다.

⑥ 타인에게 불편을 주는 소음이나 장난을 하지 않도록 아이들 관리가 필요하다.

⑦ 정해진 관람석 이외의 장소에서 관람을 하는 것은 위험할 수 있다.

⑧ 공연, 행사 도중에 무대로 올라가서는 안 되며 폭죽 등 화기 위험물을 사용하지 않는다.

백화점과 대형마트 안전수칙

① 진열 상품의 전시 효과를 높이고자 위태롭게 놓여 있는 경우를 조심해야 한다.

② 진열대와 전시물 모서리에 다칠 수 있으므로 조심하여야 한다.

③ 바닥에 기름과 쓰레기, 물 등으로 인해 넘어질 수 있으므로 주의하여야 한다.

④ 쇼핑카트 사용 시 안전하게 사용하는 방법을 숙지하여야 한다.

재난지식 노트

승강기 사고 현황

승강기는 우리 생활에서 빠질 수 없는 중요한 시설물로 병원, 아파트, 백화점, 일반 건물은 물론 지하철을 이용하기 위해 오르내릴 때도 꼭 쓰이는 시설입니다. 하지만 안전수칙을 지키지 않거나 관리를 소홀히 하게 되면 큰 인명피해로 이어질 수 있습니다. 다행히 2016년 발생한 승강기 사고는 42건으로 2013년 88건에 비해 52.3% 감소하였습니다.

2013년~ 2016년 사이 발생한 승강기 사고 발생 건수

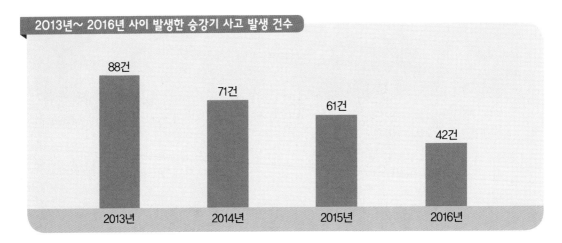

- 2013년: 88건
- 2014년: 71건
- 2015년: 61건
- 2016년: 42건

2013년~ 2016년 사이 발생한 승강기 사고 인명피해

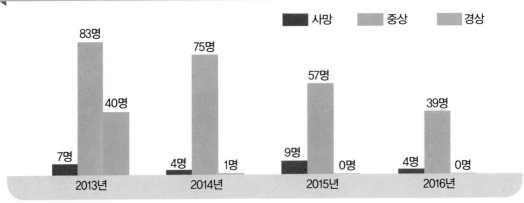

■ 사망   ■ 중상   ■ 경상

- 2013년: 사망 7명, 중상 83명, 경상 40명
- 2014년: 사망 4명, 중상 75명, 경상 1명
- 2015년: 사망 9명, 중상 57명, 경상 0명
- 2016년: 사망 4명, 중상 39명, 경상 0명

출처: 행정안전부

장애인 다중이용시설 안전

장애인도 다른 비장애인과 마찬가지로 여가생활 및 사회참여 등으로 삶의 질을 높여야 하지만 우리나라 장애인 복지수준은 선진국에 비해 아직 많이 부족하다.

특히 영화관이나 백화점 같은 다중이용시설을 장애인들은 이용하고 싶어도 교통은 물론 시설 이용 자체에도 큰 불편을 겪고 있다. 다중이용시설에 화재가 발생하면 비장애인들은 피난안내도나 안내 방송에 의해 대피를 쉽게 할 수 있지만, 장애인들은 장애물과 도로 턱 등 여러 불편으로 어려움을 겪을 수 있다.

다중이용시설에서 발생하는 장애인 안전사고 원인 ☆ 꼭 기억하자!

❶ 지체 장애인이 휠체어나 전동 스쿠터를 사용할 때, 시설물 장애나 높은 턱으로 인해 충돌 및 넘어짐 사고가 발생하게 된다.

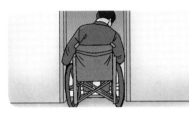

❷ 시설물의 출입구가 좁을 경우 휠체어나 전동 스쿠터가 끼어 불편을 줄 수 있거나 사고가 발생할 수 있다.

❸ 이동할 때 많은 공간이 필요하고 방향을 빠르게 바꾸기 어렵기 때문에 회전문에서는 끼이거나 충돌로 인해 사고가 발생할 수 있다.

❹ 다중이용시설을 이용하는 시각장애인에겐 시작 정보 이외에 다른 것이 제공되지 않아 시설물에 넘어지거나 부딪히는 등의 위험에 노출되어 있다.

❺ 시각장애인을 위한 점자 블록이나 다른 유도 정보가 부족해 화장실이나 출입구를 찾기가 어렵고 안전사고가 발생한다.

출처: 서울시 생활안전 길라잡이

4-2 어린이 놀이시설 이용 안전

하하,
너무 재미있다.

수준 낮게 내려오기는.
모두 비켜 봐! 내가
멋지게 내려올 테니

칫, 그래 어디
한 번 내려와 봐!

으악, 신발이 벗겨져
중심을 못 잡겠어.

어떡해, 아프겠다!

머리에 혹이…
나 집에 갈 거야!

놀이시설을 이용하기 위한 복장

❶ 신발이 벗겨지면 놀이 도중 사고가 날 수 있어서 잘 벗겨지지 않은 신발을 신고 신발 끈을 꽉 묶어야 한다.

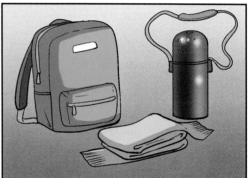

❷ 가방이나 물통 등 끈이 있는 물건과 목도리 등은 벗고 타도록 하고, 윗옷 단추 또한 잘 잠궈 풀리지 않도록 한다.

놀이시설을 이용하기 전 날씨 확인

❶ 여름에는 날씨가 뜨거워 철로 된 놀이기구가 달궈져 화상의 위험이 있으니 확인 후 이용한다.

❷ 눈비가 내리고 있을 때뿐 아니라 오고 난 후에도 놀이기구가 미끄러울 수 있으니 놀이기구 사용을 삼가한다.

놀이시설 주위에 위험 요소 확인

❶ 보호자는 놀이시설 바닥에 못이나 유리 파편 등 날카로운 물건을 발견하면 다칠 수 있으니 조심히 쓰레기통에 버린다.

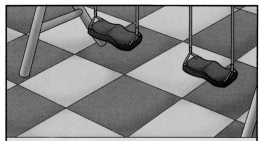

❷ 보호자는 위험하게 돌출된 곳이 없는지, 놀이시설 바닥에 충격 흡수가 가능한 모래나 고무매트 등이 깔려 있는지 확인한다.

놀이시설을 이용할 때도 안전한지 잘 확인하고 이용해야 되겠구나!

안전아, 놀이터에서 안전사고가 많이 나지만 요새 생겨나고 있는 키즈카페에서도 안전사고가 많이 일어난다고 뉴스에서 들었어.

맞아, 최근 몇 년 사이에 키즈카페가 많이 늘어나면서 안전사고도 함께 늘고 있지.

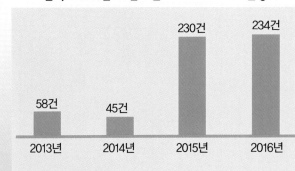

한국소비자원에 접수된 키즈카페 사고 현황

230건
234건
58건
45건
2013년
2014년
2015년
2016년

출처: 한국 소비자원

한국 소비자원에서 접수한 2013년부터 2016년까지 키즈카페 안전사고 신고 건수를 보면 2013년에는 58건이었지만 2016년에는 234건으로 크게 늘어났지.

키즈 카페 안전하게 이용하는 방법

출처: 안전보건공단

❶ 영유아가 시설 및 기구를 이용할 때는 보호자와 함께 이용을 하고 초등학생인 경우 보호자가 기구의 주의사항을 아이에게 말해준 후 입장시킨다.

❷ 트램펄린을 이용할 때는 날카로운 물건 등을 가지고 들어오지 말아야 하며, 무리한 행위는 부상이 생길 수 있으므로 자제하여야 한다.

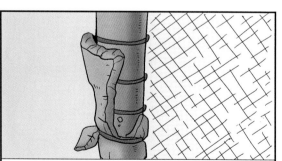

❸ 아이가 놀이시설을 이용하기 전에 보호자가 시설물이 찢어지거나 파손된 곳이 없는지 확인하고 사고 위험성이 있는 놀이시설은 없는지 살펴본다.

❹ 작은 장난감이나 있는 곳은 영유아들이 삼킬 수 있어서 출입을 삼가고 정수기에 온수 차단 장치가 잘 되어있는지 확인한다.

❺ 연령대별 키즈 카페들이 생기고 있으니, 연령에 맞는 키즈 카페를 이용하여 다른 아이에게 피해가 없도록 협조한다.

어린이들의 안전을 위해서 안전수칙을 지켜주시기 바랍니다.

6세이상 사용가능

❻ 놀이기구나 시설물에 제한 연령과 키 기준을 준수하며, 시설 안에서 아이가 위험한 행동이나 장난을 하지 않도록 한다.

안전아, 너무 잘 들었어. 이 내용들을 꼭 지켜서 아이들이 다치지 않았으면 좋겠어.

맞아!

어, 저기 철봉이 있네!

오랜만에 턱걸이 좀 해 볼까?

1분에 몇 개나 하는 데.

1초에 하나씩은 하지!

정말, 그게 정말이야?!

크~~~윽!

하 하 하

쿵

부르르르

쿵

그럼 그렇지 1초에 한 개가 아니라 1분에 한 개씩이군!

재난대처방법 시설안전

어린이 놀이시설 안전수칙

☑ 미끄럼틀

❶ 항상 손잡이를 잡고 계단으로 올라가며 미끄럼판 위로 올라가지 않는다.

❷ 한 사람씩 앉아서 내려오고 엎드리거나 서서 타지 않으며 내려온 후에는 빨리 비켜준다.

❸ 뾰족한 물건이나 가방 등을 가지고 미끄럼틀을 이용하지 말아야 한다.

❹ 앞 사람이 타고 비키면 다음 사람이 타며, 밀거나 당기지 않는다.

☑ 정글짐

❶ 정글짐에서는 두 손으로 꽉 잡고 이동을 하고, 앉거나 눕는 행위를 해서는 안 된다.

❷ 다른 사람이 내려오면 방향을 보고 가로대를 두 손으로 꽉 잡고 피해서 올라간다.

❸ 자신보다 위에 있는 사람의 발을 잡아 장난치는 행동은 하지 말아야 한다.

❹ 정글짐 꼭대기에서 위험하게 거꾸로 매달리거나 걸어 다니지 않는다.

☑ 그네

❶ 그네를 탈 때는 완전히 멈춘 상태에서 한가운데에 앉아 타고, 한 사람씩 탄다.

❷ 그네 주위로 지나가거나 놀지 말아야 한다.

❸ 서서 타거나 누워서 타면 안 되고 양손으로 줄을 잡고 앉아서 타야 된다.

❹ 그네가 움직이는 상태에서는 뛰어 내리지 말아야 하며 줄을 꼬아 놓으면 안 된다.

어린이 놀이시설 안전수칙

출처: 서울시 생활안전 길라잡이

☑ 철봉

❶ 자기 키보다 높은 철봉은 매달리지 않는다.

❷ 철봉에서는 거꾸로 매달리다 떨어져 머리가 다칠 수 있으므로 위험한 행동을 하지 않는다.

❸ 철봉하고 있는 사람의 옆으로 가지 않는다.

❹ 철봉에서 내려올 때는 발에 충격이 올 수 있으니 조심하여야 한다.

☑ 회전대

❶ 회전대를 갑자기 빠르게 회전시키지 말아야 하며 멈추기 위해 억지로 붙잡지 않는다.

❷ 회전대에 앉아서 다리를 내밀어 돌리다 발이 끼일 위험이 있다.

❸ 회전 중에는 친구와 장난치지 말고, 도중에 올라타거나 뛰어 내리는 행동은 삼간다.

❹ 회전대 밑으로는 위험하니 들어가지 않는다.

☑ 기어오름대

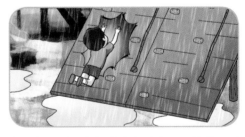

❶ 올라갈 때는 손잡이를 두 손으로 꽉 잡고 오른다.

❷ 꼭대기에서 눕거나 앉지 않으며, 걸어다니거나 뛰어내리지 말아야 한다.

❸ 시설물이 비에 젖거나 태양으로 인해 뜨거울 때는 사용하지 않는다.

❹ 시설물에서 내려올 때는 천천히 안전하게 내려온다.

☑ 흔들다리

❶ 흔들다리에서는 반드시 양손으로 잡고 이동한다.

❷ 한 번에 두 칸씩 넘지 않는다.

❸ 흔들다리 위에서는 절대로 뛰지 않는다.

❹ 흔들다리 손잡이와 받침대 사이로 빠져나가는 행동을 하지 않는다.

☑ 시소

❶ 시소를 탈 때는 서거나 뛰지 말고, 서로 마주보며 앉아서 타야 한다.

❷ 시소가 움직일 때 넘어질 수 있으므로 두 손으로 손잡이를 꼭 잡고 탄다.

❸ 시소에서 갑자기 내리면 상대편 친구가 다칠 수 있어 미리 말을 하고 조심히 내린다.

❹ 시소 밑에 발을 둔 채 내리면 다칠 수 있다.

☑ 스프링 흔들목마

❶ 흔들목마를 탈 때는 발이 스프링에 끼지 않도록 한다.

❷ 한쪽으로 기울여 타지 않고, 위에 올라서지 않는다.

☑ 평행봉

❶ 비가 온 날에는 손이 미끄러져 다치기 쉬우므로 사용하면 안 된다.

❷ 자기 키보다 높으면 사용을 자제하고 다른 사람과 동시에 사용하지 않는다.

재난지식 노트

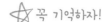

안전하게 타는 것이 가장
즐겁게 타는 거예요!

놀이공원 안전하게 이용하기 위한 수칙   ⭐ 꼭 기억하자!

(1) 일반 시설을 이용할 때

❶ 놀이공원에는 사람이 많이 붐비므로 보호자는
항상 어린이 손을 붙잡고 다녀야 한다.

❷ 놀이기구를 타러 이동할 때에는 바닥이 미끄럽
거나 날카로운 부분이 있을 수 있어 조심히 이
동하여야 한다.

❸ 고장으로 인해 운행을 멈춘 놀이기구나 접근금
지 구역 안으로 들어가서는 안 된다.

(2) 놀이 기구를 선택할 때

❶ 아이가 무서워하는 놀이기구는 억지로 태우지
말아야 한다.

❷ 놀이기구마다 탑승 연령과 키 제한이 있으니 규
정에 맞게 태워야 한다.

❸ 안전요원의 지시에 아이가 잘 따를 수 있는지
판단해서 선택한다.

❹ 식사 후엔 휴식을 취한 후 이용한다.

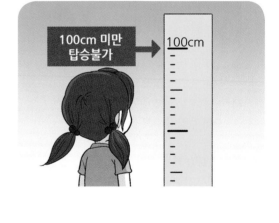

(3) 놀이기구 탑승 대기 할 때

❶ 안전 울타리에 걸터앉지 말며, 울타리 안으로
들어가는 행동을 하지 않는다.

❷ 놀이기구가 움직일 때 휴대폰이나 동전 등이 떨
어질 수 있으므로 보관함에 넣고 탄다.

(4) 놀이기구 탑승할 때

❶ 어린이 전용 놀이기구가 아닐 경우에는 보호자와 함께 탑승을 하고 어린이를 안쪽으로 태운다.

❷ 안전요원의 지시에 따라 안전레버 또는 안전벨트를 착용하여야 한다.

❸ 놀이기구를 이용할 때는 항상 두 손으로 안전 손잡이를 꽉 잡아야 한다.

❹ 놀이기구 운행 중일 때 하지 말아야 될 사항

- 음식물을 먹거나 장난을 치지 않는다
- 창문 밖으로 오물을 버리거나 손을 내밀지 않는다.
- 문을 열지 말아야 한다.
- 안전장치를 풀지 말아야 한다.
- 일어서지 말아야 한다.

(5) 놀이기구 탑승 후 내릴 때

❶ 놀이기구가 완전히 멈춘 후에 안전장치를 풀고 서둘지 않고 조심히 내린다.

❷ 자기의 소지품을 확인하고 질서 있게 지정된 출구로 나간다.

식품안전

옛날부터 지금까지 매년 식품으로 인한 크고 작은 사고가 끊임없이 발생하고 있습니다. 음식은 인간의 생존에 꼭 필요한 것이므로 식품과 관련한 사고가 발생하면 소비자들의 불안이 더욱 크게 마련입니다.

식품 안전사고는 식품 생산 및 유통과정에서 비위생적 환경과 비윤리적 방법 등으로 인해 식품이 인체에 해를 끼치거나 우려가 발생하는 것을 뜻합니다.

그럼 식품사고는 어떻게 발생하는지 알아볼까요.

먼저 식품에 있는 특정 성분이나 이물질을 섭취하거나 유통기한 지난 식품 섭취로 두드러기나 알레르기, 피부발진, 장염 등이 발생할 수 있습니다. 또한 날카로운 조각 등을 음식물과 함께 섭취할 경우 치아 손상을 유발하며, 입안에 상처가 생길 수 있습니다.

아이들이 분말 형태를 잘못 섭취할 경우 기침과 질식을 유발할 수 있고 심한 경우 폐에 무리가 생기는 사고가 발생할 수 있습니다.

영유아의 경우 잘 씹지 못하므로 작은 음식물이 기도에 걸릴 수 있고, 노인의 경우에도 씹는 기능이 약해져 떡 등으로 인해 기도가 막히는 위험이 있습니다.

콜록-

콜록-

또한 식중독도 조심해야 하는데, 식중독은 유독물질이나 미생물 섭취로 인해 구토와 설사, 복통 등이 발생하는 질환을 말합니다.

2010년부터 2014년까지 식중독 발생 현황을 살펴보겠습니다.

출처: 식품의약안전처

2010년부터 2014년까지 식중독 발생 현황

■ 발생건 수　■ 환자 수

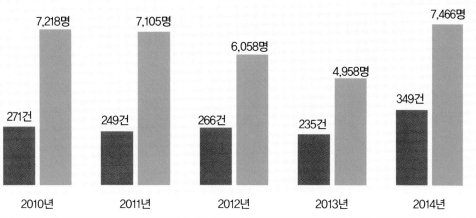

	2010년	2011년	2012년	2013년	2014년
발생건 수	271건	249건	266건	235건	349건
환자 수	7,218명	7,105명	6,058명	4,958명	7,466명

식중독 사고는 날이 더워지면 자주 발생합니다. 하지만 음식물 위생관리를 철저히 한다면 충분히 예방할 수 있으므로 위생적 생활습관이 중요합니다. 그중에서 보이지 않는 각종 세균과 바이러스가 손을 통해서 여러 곳으로 전파되므로 손을 자주 씻어 미리 경로를 차단하고 예방하는 게 중요합니다.

5-1 식품중독

아니, 김밥을 아직도 먹고 있어?

아까는 너무 배불러서 남겨 놓은 거야.

한강시민공원

그날 저녁.

아이고 배야!

아니, 왜 그래?

모르겠어. 배도 아프고 설사도 하고 그래….

아빠, 몸도 뜨거운 거 같아요.

뭐!

안되겠다. 빨리 119를 불러야겠어.

삐뽀

삐뽀

선생님, 어디가 아픈건가요?

피검사를 해 보니 식중독인 것 같습니다.

어, 그리고 보니 아까 점심 때 김밥을 먹어서 그런 거 아니야?

맞아, 날이 더울 때는 김밥이 쉽게 상하기 때문에 빨리 먹어야 되는데 너무 늦게 먹어서 식중독을 유발하는 균들이 증식을 한 것 같아.

그래서 여름에 식중독 사고가 많이 발생하는 거구나.

안전아, 그럼 식중독을 유발하는 균들은 어떤 게 있을까?

그럼 식중독을 많이 발생시키는 균들을 알려 줄게.

1. 노로바이러스

노로바이러스는 감염된 음용수와 음식물 섭취로 감염이 되기도 하고 전염성이 매우 강해서 감염된 사람과의 접촉에 의해서도 쉽게 전염된다. 노로바이러스는 낮은 기온에 활발하게 활동을 하는 특성이 있어 겨울철 식중독의 주된 원인이다.
예방을 하기 위해서는 20초 이상 깨끗이 손을 씻고 과일과 채소도 깨끗이 씻어야 한다. 또한 음식은 속까지 충분히 익혀서 먹고 물은 끓여 마시는 게 좋다.

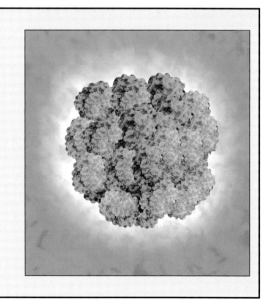

2. 병원성 대장균

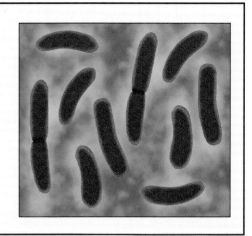

병원성 대장균은 일반 대장균과 달리 질병을 일으키는 대장균을 말하는데 생화화적 특성이 거의 같아서 쉽게 구분이 안 되며 음식물 및 음용수 섭취 그리고 전염에 의해 식중독을 일으킨다. 원인 세균에 따라서 약간씩 증상이 다른데 공통적으로 설사와 복통을 일으킨다. 병원성 대장균을 예방하기 위해서는 음식을 충분히 익혀 먹고 물은 끓여서 마셔야 하며 개인위생을 철저히 하여야 한다.

3. 살모넬라균

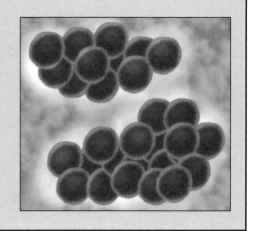

살모넬라균은 여름철에 유행하는 전염성 질환으로 고열과 설사, 복통 등의 증상이 나타나는데 일반적으로 사람 간에는 전염되지 않고 오염된 음식과 물, 계란, 식육제품 등의 섭취로 감염된다. 증상으로는 설사와 구토를 하며 심한 복통 및 발열 증상을 일으킨다. 살모넬라균의 증식을 억제하기 위해서는 계란과 생육은 저온에서 보관하고 2차 오염을 방지하기 위해 조리 기구 등은 세척 및 소독을 하며 충분히 익혀 먹어야 한다.

4. 황색포도상구균

황색포도상구균은 건강한 사람의 30~50%가 보균자이고 우리 주위에 널리 퍼져 있다.
만약 독소생성으로 식중독이 발생하면 메스꺼움과 구토, 설사 및 위경련 등을 일으킬 수 있으며 특히 혈관에 들어가게 되면 패혈증 및 균혈증을 발생시킨다. 이 독소는 열에 매우 강해 고온 조리에도 살아남을 수 있으며 이 균을 완전하게 차단하기는 어렵다.
이 균은 피부에도 존재하기 때문에 손을 깨끗이 씻어야 하며 만약 피부에 화농성 상처가 있다면 가급적 음식을 조리하지 않도록 해야 한다.

5. 장염비브리오

장염비브리오는 바닷물에 서식하는데 어류나 패류 등의 내장과 아가미 등에 붙어 있다가 유통과정이나 조리과정에서 증식하여 식중독을 유발시킨다. 잠복기는 평균 12시간이며 상복부 통증 및 발열과 구토 등을 일으킨다. 감염을 예방하기 위해서는 횟감용 칼과 도마를 따로 써야 하며 어패류는 수돗물로 잘 씻어야 한다. 특히 냉장고 보관 및 조리 기구는 세척 및 소독을 실시해야 하며 열에 약하므로 식품을 가열 후 섭취하는 게 좋다.

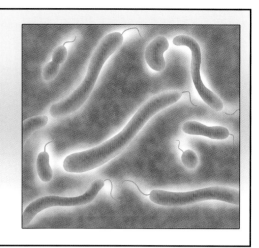

식중독을 유발시키는 세균들이 여러 가지 있구나.

식중독에 걸리지 않기 위해서는 손을 자주 깨끗이 씻는 게 중요한 거 같아요.

맞아, 외출하고 돌아와서는 물론, 쓰레기 오물을 만졌거나 화장실을 이용한 후, 그리고 상처를 만진 후에도 손을 깨끗이 씻어야 하지.

그러고 보니 김밥 먹을 때도 손을 안 씻고 그냥 먹은 거 같아요!

혹시 한 가지도 아니고 여러 가지 세균들이 네 뱃속에 들어가서 아픈 게 아닐까.

그런 끔직한 소리 하지마! 무섭잖아!

씻는 것 뿐만 아니라, 식중독을 예방하기 위해서는 음식물을 잘 익혀서 먹어야 하고 물은 항상 끓여서 마셔야 하지. 이 세 가지가 바로 식중독을 예방하기 위한 3대 원칙이야!

나도 이번에 손을 꼭 씻어야겠다는 것을 알았어요. 안 그러면 이렇게 병원 신세를 지게 된다는 것도요.

아빠, 예전에 음식을 먹었는데 몸에서 두드러기가 나고 몹시 가려웠거든요. 혹시 이것도 식중독이었을까요?

그건 아마 식품 알레르기 때문에 발생한 것 같아.

아빠, 식품 알레르기가 뭔가요?

식품 알레르기는 어떤 특정한 식품을 먹었을 때 몸에서 두드러기나 가려움 같은 면역 반응이 나타나는 걸 말해.

아빠, 그러면 식품 알레르기는 왜 발생하나요?

음, 유전적 원인을 비롯해 다양한 원인이 있을 수 있는데, 최근 학자들은 환경적인 변화 등에서 식품 알레르기 유발 원인을 찾고 있지.

식품 알레르기는 피부에만 일어나나요?

그렇지 않아. 식품 알레르기 증상을 일으키는 음식을 섭취나 접촉을 했을 때 피부에선 두드러기나 피부염 등을 일으킬 수 있지만 구토나 설사, 복통을 일으키거나 호흡기 계통의 천식이나 비염을 유발하기도 해.

또한 심혈관계나 신경계 등 전신적으로 증상이 발생할 수 있는데 심각한 증상이 발생하면 생명이 위태로울 수 있어 즉각적인 응급처리가 필요해.

식약처 지정 식품 알레르기 유발 원인 식품 21종

(2015년 4월 8일 기준)

	어패류	홍합, 전복, 오징어, 새우, 굴, 게, 고등어, 조개류
	견과/콩/곡류	땅콩, 호두, 메밀, 밀, 대두
	과채류	복숭아, 토마토
	육류 및 유제품	돼지고기, 쇠고기, 닭고기, 달걀, 우유
	아황산 포함식품	와인

그건 소화기능이 높아지고 면역체계가 변화하기 때문이야.

그럼 어른이 되면 식품 알레르기가 있었던 음식도 먹을 수 있겠군요.

꼭 그렇지만은 않아! 어른이 되어도 새우나 호두, 땅콩, 고등어 등에 대한 알레르기 반응이 없어지지 않는 경우도 있어.

그렇군요.

아, 그런데 너 약 먹을 시간 지나지 않았어?

그, 그게 말이야…

아까 약을 먹었는데. 몸이 이상한 거 같아.

삐질

삐질

이상하다니 뭐가 말이야?

이것 봐, 두드러기 같은 게 올라왔잖아!

혹시 식품 알레르기 아닐까?

쓱

그거 닭살이잖아! 너 약 먹기 싫어서 핑계 대는 거 모를 줄 알고! 어서 먹어!

헤헤, 걸렸네!

재난대처방법 식품안전

식품알레르기 예방을 위한 방법

알레르기 표시

소맥분(밀), 탈지대두(대두), 돈지(돼지고기), 유당(우유), 난각칼슘(계란) * 이 제품은 메밀, 땅콩, 고등어, 게, 토마토, 새우를 사용한 제품과 같은 제조 시설에서 제조하고 있습니다.

혼입가능성이 있는
알레르기 유발물질 표시

① 제품을 구입할 때 포장지에 식품 알레르기 표시 사항을 확인한다.

② 식당에서 음식을 주문 시, 알레르기 유발 식품이 들어가는지 직원에게 확인한다.

③ 나에게 맞는 도시락을 싸오는 것도 좋다.

④ 만일 증상이 발생할 경우에는 병원에 가서 약물 치료를 받거나 119에 신고한다.

식중독 예방하는 방법

① 식사 전에는 항상 손을 깨끗이 씻고 음식물은 실온에 오래 두지 말아야 하며 식재료는 먹을 만큼만 구입한다.

② 음식은 충분히 익혀서 먹고 주방기구는 세척과 소독을 한 후 햇볕에 잘 말리고 주방은 항상 청결을 유지해야 한다.

★ 식중독에 대한 자세한 예방법은 〈품격 있는 안전사회〉 1권 182쪽을 참고하세요.

재난지식 노트

식품 알레르기를 유발하는 음식 자세히 살펴보기

 **난류**

가장 흔한 알레르기로 영유아에게서 자주 나타난다. 징후 및 증상으로는 피부발진 및 두드러기, 기침, 구토, 복통 등과 *아나필락시스가 나타날 수 있다. 대부분 5~7세쯤 알레르기에서 벗어난다.

 **우유**

영유아와 아동에서 많이 발생하는 알레르기로 피부발진 및 두드러기, 기침, 구토, 복통 등과 아나필락시스가 나타날 수 있다. 5~7세쯤 알레르기에서 대부분 벗어난다.

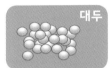 **대두**

아동기에 많이 나타나는 알레르기로 두드러기 및 기침, 복통, 설사 등 다양한 증상이 나타나고 땅콩과 같은 알레르기가 있는 사람에게 발병될 확률이 높다.

 **밀**

아동부터 성인까지 흔하게 발생하는 알레르기로 피부발진 및 두드러기, 기침, 구토, 복통 등과 아나필락시스가 나타날 수 있다.

 **메밀**

대부분 섭취로 인해 발생하지만 메밀 베게 등을 사용해서 생기기도 한다. 가려움부터 아나필락시스까지 다양하게 나타날 수 있다.

 **땅콩과 호두**

유아기 이후 흔하게 발생하는데 최근 들어 발생빈도가 증가하는 추세다. 경미한 증상에서부터 아나필락시스까지 매우 다양하게 나타날 수 있다.

 **해산물**

해산물 알레르기는 흔하게 발생하는데 두드러기나 코막힘 등 경미하게 나타날 수도 있지만 적은 양으로도 생명을 위협하는 경우도 있다. 또한 성인이 되어도 계속 지속될 수 있다.

 **과일과 채소**

주로 두드러기나 구강 알레르기 증후군이지만 복통 및 구토, 아토피 피부염을 악화시키고, 천식과 호흡곤란을 유발하며, 성인이 되어도 계속 지속될 수 있다.

 **육류**

육류 알레르기는 흔하게 나타나지는 않지만 두드러기와 가려움 증세가 나타날 수 있다. 특히 가공육류에 많이 들어가 있는 히스타민이라는 성분에 의해 알레르기와 유사한 반응이 나타나는 경우가 있다.

*아나필락시스 : 갑자기 발생하는 호흡곤란, 기절, 저혈압, 쇼크 등의 심각한 전신적 알레르기 반응

출처: 식품의약품안전처(www.mfds.go.kr) (알아두면 힘이 되는 식품 알레르기 표시바로알기.2016)

식품 품질 인증마크 9가지  꼭 기억하자!

어린이 기호식품 품질인증제품

어린이 기호식품 중 "안전하고 영양을 고루 갖춘 제품"을 품질 인증.

해썹(HACCP) 식품안전관리기준

위해 방지를 위한 사전 예방적 식품안전관리체계.

건강기능식품

식품의약품안전처에서 인정·신고된 제품을 인증.

GMP (우수건강기능식품제조기준)

건강기능식품의 품질을 보증하기 위한 제조 및 품질관리기준

GAP (우수농산물관리)

생산·유통·판매에 관한 정확한 정보를 제공

전통식품품질인증제도

우수한 전통식품에 대해 품질을 보증하는 제도

유기가공식품인증제도

유기 농산물 축산물을 원료 및 재료로 제조 가공한 식품을 인증

가공식품KS품질마크

가공식품이 일정한 품질요건을 갖추었음을 인증.

친환경농산물인증마크

합성농약, 화학비료, 항생제를 최소화 시켜 생산한 농축산물을 인증.

5-2 올바른 식생활

으악! 늦잠을 자 버렸네. 이러다 지각 하겠어.

엄마, 왜 안 깨웠어요?

스윽

응?

어머, 아침은 먹고 가야지!

늦었어요. 밖에서 햄버거 사 먹을게요!

후다닥

뭐가 바빠서 저렇게 가지?

슈

그냥 우리끼리 밥 먹죠.

오빠는 햄버거를 좋아하는 거 같아요.

일주일에 적어도 두세 번은 사 먹거든요.

오물

오물

뭐라고 그렇게 많이?!

패스트푸드를 그렇게 먹으면 몸이 안 좋아지는데 큰일이군!

아빠, 햄버거가 그렇게
안 좋나요? 고기랑 야채, 그리고
치즈도 들어가 있잖아요.

패스트푸드는 나트륨과 포화지방을 많이
함유하고 있어 자주 먹으면 비만과 고혈압,
당뇨를 일으키는 원인이 될 수 있지.

왜 패스트푸드가
안 좋은지 한번 살펴볼까?

패스트푸드의 단점

(1) 비만 유발

대부분의 패스트푸드는
상당히 높은 칼로리와
염분, 당분, 지방이 높아
혈관질환과 비만을 일
으킬 수 있고, 자극적인
입맛으로 변화시킬 수
있다.

(2) 영양 불균형

패스트푸드를 자주 먹으면 식이섬유 함량이 적
어져 변비에 걸릴 확률이 높고 비타민과 무기질
적게 들어있어서 영양 불균형이 올 수 있다.

(3) 뼈와 성장에 악영향

아이가 패스트푸드를
자주 먹으면 영양 불균
형으로 성장에 악영향
을 끼치고 나트륨으로
인해 몸속에 칼슘을 배
출시켜 뼈를 약하게 한
다.

(4) 높은 당분 섭취

탄산음료에는 많은 당
분이 들어있는데 단맛
에 중독이 되어, 당이
많은 음식을 먹게 되고
비만 및 충치, 당뇨와
같은 질병을 유발할 수
있다.

패스트푸드가 이렇게 안 좋은지 몰랐어요.

패스트푸드도 문제지만 편식으로 인해 균형 있는 영양을 골고루 섭취 못하는 것도 문제지.

하하

뜨끔

아빠, 편식을 계속 하면 어떻게 되나요?

스 으

편식을 하게 되면 뚱뚱해질 수 있고 영양 불균형으로 빈혈도 생길 수 있지. 그리고 변비도 생길 수 있단다.

또한 감기가 쉽게 잘 걸릴 수 있고 몸도 허약해질 수 있어.

후다닥

슝

헉! 패스트푸드도 문제지만 편식도 우리 몸에 매우 위험하군요.

균형 있게 음식을 섭취해야 키도 쑥쑥 크고 튼튼해지지. 아빠처럼.

올바른 식사습관에 대해서 설명하자면 말이야!

척—

아빠, 편식과 과식이 안 좋은 것처럼 몸에 좋은 식사방법은 어떤 게 있을까요?

올바른 식생활 지침

출처: 보건복지부

(1) 아침밥을 꼭 챙겨 먹어야 한다.

아침밥을 먹지 않으면 영양부족과 빈혈, 골다공증 발생 및 면역력이 저하되고 어린이와 청소년은 성장부진이 올 수 있다. 하지만 매일 아침밥을 챙겨 먹으면 두뇌 활동과 신진 대사가 활발해지고 성장에 도움이 되는 건 물론, 폭식을 하지 않게 되어 비만을 예방할 수 있다.

(2) 곡류와 육류, 어류 등 다양한 식품을 섭취한다.

❶ 곡류는 매일 2~4회 정도 섭취하는 게 좋다.

❷ 고기, 생선, 달걀, 콩류는 매일 3~4회 정도 섭취하는 게 좋다.

❸ 과일류는 매일 1~2개 정도 섭취하는 게 좋다.

❹ 우유 및 유제품류는 매일 1~2잔 정도 섭취하는 게 좋다.

(3) 짜거나 달거나 기름지게 먹지 않는다.

❶ 짜게 먹으면 심혈관계 질환과 뇌졸중을 유발할 수 있고 골밀도와 신장기능 저하 및 비만과 위염, 위암, 부종을 유발할 수 있다.

❷ 달게 먹으면 충치가 발생하고 심혈관계 질환과 체중증가, 지방이 축적될 수 있다.

❸ 기름지게 먹으면 심장마비와 뇌졸중을 유발할 수 있고 많이 섭취할 경우 비만을 유발한다.

(4) 과식은 금물, 운동을 생활화 하자.

❶ 과식 하지 말고 자신에 맞는 적정량을 섭취하자.

❷ 계단을 이용하고 대중교통을 생활화 하여 운동량을 늘린다.

❸ 일주일에 3~4번씩 하루 20~30분 정도 신체 활동을 늘린다.

(5) 당이 함유된 음료수 보다는 물을 많이 마시자.

❶ 가당 음료수를 매일 1~2잔씩 마시면 대사증후군은 20%, 당뇨병은 26% 증가한다.

❷ 세계보건기구(WHO)는 하루 성인이 당을 섭취할 때 권고기준은 50g 미만으로 각설탕 16.6개이다.

(6) 유통기한을 잘 살피고 필요한 만큼만 구입한다.

❶ 해동식품은 바로 조리해서 먹고 재 냉동하지 않는다. 또한 음식은 속까지 충분히 익혀서 먹으며 유통기한을 꼼꼼히 살핀다.

❷ 음식 메뉴를 미리 계획하고 냉장고를 정리하며 식품은 필요한 것만 구입한다. 또한 적당량만 조리하고 작은 그릇에 음식을 담아 버려지는 음식량을 줄인다.

(7) 신선한 우리 농산물을 이용하자!

❶ 우리 농산물은 생산과 유통이 짧아 신선하고, 잔류 농약 성분 조사와 농산물 이력 추적관리로 안전하고 신뢰할 수 있다.

❷ 농산물우수관리인증 및 농산물이력추적관리가 등록된 제품인지 살피고 원산지 표시를 확인한다. 또한 가공식품의 경우 HACCP인증과 KS인증을 확인한다.

(8) 가족과 함께 식사를 자주하자!

가족과 대화를 하며 식사를 할 경우 정서적 유대감과 친밀함이 커지고 옥시토신이라는 행복 호르몬이 증가하고 어린이의 경우 비만 위험성이 낮아지고 올바른 식습관이 형성된다.

(9) 음주는 피하는 게 좋다.

지나치게 음주를 할 경우 간암이나 간경화가 나타날 수 있으며 작업 중이거나 운전 중일 때는 사고 발생위험이 높다. 그리고 임신 중 음주는 기형아 출생이 높아지며 청소년에는 정신적 육체적으로 해롭다.

저도 이제부터 올바른 식생활을 실천해서 튼튼하고 키도 크고 이뻐지겠어요.

아빠, 그런데 오빠는 무슨 일이 있어서 학교에 갔을까요?

글쎄….

그래, 우리 딸 골고루 맛있게 먹으렴.

타다다닥

시간을 보니 다행히 지각은 안 하겠다.

엥?

아니, 정문이 왜 닫혀 있는 거지?

철컹

철컹

아저씨, 저 늦었어요. 빨리 문 열어주세요!

흔들 흔들

아니, 공휴일인데 학교를 왜 나온 거니?

끄

아참, 그러고 보니 오늘 공휴일이었구나!

악

재난대처방법 식품안전

비만을 예방하는 방법

① 계획적인 목표를 세우자.

자기 스스로 계획적이고 체계적인 목표를 세우고 자신을 격려하는 것이 중요하다.

② 규칙적인 운동을 하자.

일주일에 3회 이상, 하루에 30분 이상 규칙적인 유산소 운동을 하는 게 좋다.

③ 아침을 잘 챙겨 먹자.

아침을 먹지 않으면 점심 때 폭식을 하거나 인스턴트 음식을 먹는 등 몸에 해로울 수 있다.

④ 하루 세끼, 천천히 씹어먹자.

하루 세끼, 영양분을 골고루 잘 섭취하고 천천히 씹어서 먹으면 소화에도 도움을 준다.

⑤ 채소를 많이 먹자.

채소는 열량이 낮고 비타민과 무기질이 풍부하므로 비만을 예방하는데 효과가 있다.

⑥ 앉아 있는 시간을 줄이자.

TV를 보거나 책상에 오래 앉아 생활하면 활동량이 줄어 질병에 걸릴 위험이 높아진다.

재난지식 노트

초, 중, 고등학생의 비만율과 식습관   ☆ 꼭 기억하자!

출처: 식품의약품안전처
(www.mfds.go.kr)

성장기인 청소년들이 아침을 거르고 라면과 패스트푸드를 먹는 비율이 늘어나면서 비만학생의 비율이 점점 높아지고 있다. 특히나 초등학생은 고학년으로 넘어갈 때 비만이 급증하였고 맞벌이와 취약계층의 가정에서서 비만율이 높아졌다. 교육부에서 발표한 〈2016 학생건강검사 표본조사〉를 보면 2016년 초, 중, 고 전체 남녀 학생의 비만율은 2007년에 비해 4.9% 증가한 것으로 나타났다.

2006년 ~2016년까지 초, 중, 고등학생 비만율
출처: 교육부

☐ 경도비만 ☐ 중등도비만 ■ 고도비만

	2007	2008	2009	2010	2011	2012	2013	2014	2015	2016
고도비만	11.6	11.2	13.2	14.3	14.3	14.7	15.3	15.0	15.6	16.5
	0.8	0.8	1.1	1.3	1.3	1.4	1.5	1.4	1.6	1.9
중등도비만	4.4	4.2	5.2	5.6	5.5	5.8	6.0	6.0	6.1	6.6
경도비만	6.3	6.2	6.9	7.4	7.5	7.6	7.9	7.6	7.9	8.1

(단위:%)

주 1회 이상 패스트푸드를 섭취하는 중, 고등학생이 10명중 7명이나 되고 라면 섭취도 많아져 중학생이 86.6%, 고등학생이 80.5로 10명중 8명이 섭취하는 것으로 나타났다. 특히나 고등학생의 우유와 채소 섭취율이 20%대로 그쳐 영양 불균형이 심각한 수준으로 조사되었다.

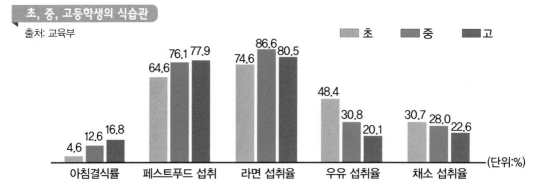

초, 중, 고등학생의 식습관
출처: 교육부

☐ 초 ☐ 중 ■ 고

	초	중	고
아침결식률	4.6	12.6	16.8
페스트푸드 섭취	64.6	76.1	77.9
라면 섭취율	74.6	86.6	80.5
우유 섭취율	48.4	30.8	20.1
채소 섭취율	30.7	28.0	22.6

(단위:%)

이처럼 비만 학생이 지속적으로 증가하고 있어서 식습관의 변화와 건강관리 및 꾸준한 운동으로 비만을 줄여야 되겠다.

부정, 불량식품 사고

부정식품이란 내용물을 속이거나 다른 성분 사용, 모방 식품 또는 허가나 신고를 받지 않고 판매하는 식품 그리고 허위 표시 등으로 소비자가 오인하거나 혼동할 수 있는 식품을 말한다. 불량식품이란 일반적으로 독성이 있거나 값싼 원재료 및 유해ㆍ위해물질 등을 사용한 식품을 말한다.

부정, 불량식품의 유형

❶ 부패와 변질로 색이 변하거나 이상한 맛이 나고 냄새가 난다. 또한 유독ㆍ유해한 물질을 함유하고 사료용 원료나 의약품 성분 등 금지된 물질을 함유한 식품이나 포장지를 사용한 제품.

❷ 병든 고기와 불법 도축으로 가공 및 포장한 식품, 제품의 성분함량부족과 저 품질 원료를 사용하고 가격과 중량 등 식품표시사항을 위반한 제품.

❸ 병원성 미생물과 바이러스, 독소에 의해 식중독을 유발하거나 어린이를 현혹하여 정서를 저해하고 제품 필수 함량과 식품 기준 규격의 부적합 및 등록과 허가 없이 식품을 판매하는 행위.

❹ 제품의 원산지 표시를 지키지 않고 허위로 표시하는 제품과 식품위생법에서 정하는 유통기한을 위조 또는 변조하여 판매하는 행위, 제품을 허위, 과대 광고하여 소비자에게 혼란을 줄 수 있는 제품.

❺ 비위생적으로 제조와 조리 및 재사용한 식품과 유해물질이 식품 기준 및 규격을 초과한 부적합 식품 그리고 정상적 수입 신고를 거치지 않고 불법적으로 판매하는 식품.

중독안전

마 약
NO!

중독이란, 심리적이나 신체적으로 물질이나 행위에 의존하여 자신 스스로 조절이 어려워진 상황을 말하는데 중독의 범위는 크게 물질중독과 행위중독으로 나눠집니다.

물질중독 행위중독

예전에는 중독에 대한 사례로 마약과 알콜, 담배 등과 같은 물질중독이 대부분이었지만 요즘에는 여러가지 행동에 의해 중독 증상이 나타나고 있습니다.

쇼핑 중독과 인터넷 중독, 스마트폰 중독, 게임 중독 등이 대표적인 행위중독인데, 물질중독과 마찬가지로 금단 증상과 사회활동의 장애, 내성 그리고 강박적으로 열망하는 행동을 보여 주는 증상을 나타냅니다.

알 콜
담배

인터넷 중독
스마트폰 중독

특히 우리나라 국민들의 스마트폰 중독 현상이 매년 심화되고 있고, 10명 중 2명은 스마트폰 과의존위험군에 속한 것으로 조사되었습니다.

스마트폰 과의존위험군

스마트폰 과의존위험군이란 과도한 스마트폰 사용으로 *현저성이 증가하고 자율 *조절능력이 떨어지며 *문제적 결과를 경험하는 상태를 뜻합니다.

2017년 과학기술정보통신부와 한국정보화진흥원은 가구방문 대인면접조사를 통해 스마트폰 과의존 실태를 조사하였는데, 그 결과 전체 스마트폰 과의존위험군은 18.6%로 전년(17.8%)에 비해 0.8%p 증가하였습니다.

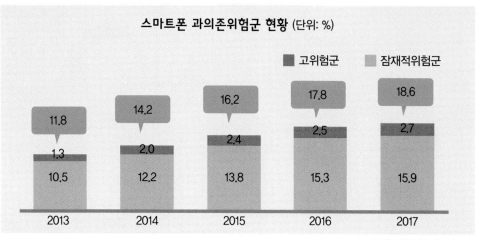

스마트폰 과의존위험군 현황 (단위: %)

고위험군   잠재적위험군

	2013	2014	2015	2016	2017
계	11.8	14.2	16.2	17.8	18.6
고위험군	1.3	2.0	2.4	2.5	2.7
잠재적위험군	10.5	12.2	13.8	15.3	15.9

출처: 과학기술정보통신부

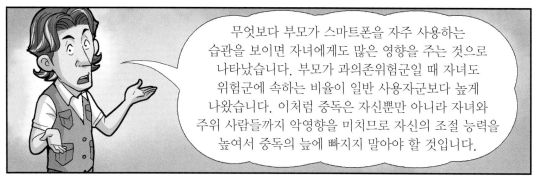

무엇보다 부모가 스마트폰을 자주 사용하는 습관을 보이면 자녀에게도 많은 영향을 주는 것으로 나타났습니다. 부모가 과의존위험군일 때 자녀도 위험군에 속하는 비율이 일반 사용자군보다 높게 나왔습니다. 이처럼 중독은 자신뿐만 아니라 자녀와 주위 사람들까지 악영향을 미치므로 자신의 조절 능력을 높여서 중독의 늪에 빠지지 말아야 할 것입니다.

*현저성 스마트폰을 이용하는 생활이 다른 것보다 두드러지고 가장 중요한 활동이 되는 것.
*조절실패 스마트폰 이용에 대한 자율적 조절 능력이 감소하는 것.
*문제적 결과 스마트폰 이용으로 신체적, 심리적, 사회적으로 부정적인 결과를 경험함에도 불구하고 스마트폰을 지속적으로 이용하는 것.

6-1 물질중독

역시 과자는 초콜릿 과자가 최고야!

바삭

바삭

또 초콜릿 과자 먹는 거야? 곧 밥 먹을 시간인데 많이도 먹네.

이게 뭐가 많아? 이 정도는 먹어야 먹은 거 같지.

뻐
럭

쩝
쩝

넌 이렇게 매일 먹잖아!

이 정도면 카페인 중독이겠는걸!

그게 어때서?

스
윽

SAFE

뭐, 중독? 근데 중독이 뭐야?

그리고 보니, 초콜릿 과자를 하루라도 안 먹으면 계속 생각나거든.

그럼, 담배나 술 같은 것도 물질중독이겠구나!

깜
짝

과자

척─

과자

SAF

헤 헤
헤

술   담배

응, 중독이란 심리적이거나 육체적으로 우리 몸이 물질과 행동에 의존이 심해져 스스로 조절이 힘든 상태를 말해.

초콜릿에 많이 들어 있는 카페인 같은 물질이 우리 행동과 기분 등에 영향을 미치는 걸 물질 중독이라고 해. 마약이나 약물도 여기에 속해.

그래 맞아!

물질중독에 대해 더 알아 볼까?

너도 잘 들어서 카페인 중독에서 벗어나야지!

카페인 중독 아냐!

대표적 물질중독의 하나인 알코올 중독에 대해 얘기해 줄게!

예전에 뉴스에서 알코올 중독에 대해 본 것 같아.

알코올 중독이란 지속적으로 과도한 음주로 신체적, 정신적, 사회적 문제를 경험했음에도 불구하고 음주를 조절할 수 없어 계속적으로 알코올을 섭취하려는 증상을 말해.

나 잡아 봐라!

거기 서!

알코올

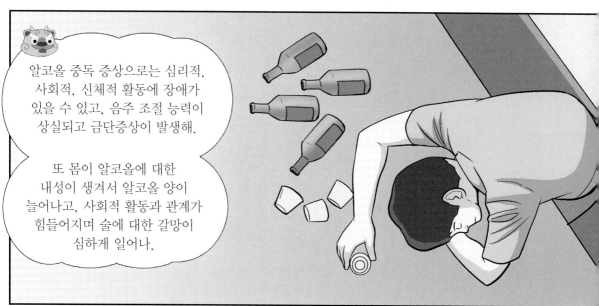

알코올 중독 증상으로는 심리적, 사회적, 신체적 활동에 장애가 있을 수 있고, 음주 조절 능력이 상실되고 금단증상이 발생해.

또 몸이 알코올에 대한 내성이 생겨서 알코올 양이 늘어나고, 사회적 활동과 관계가 힘들어지며 술에 대한 갈망이 심하게 일어나.

알코올 중독의 정확한 원인은 설명할 수 없지만 여러 가지 요소가 복합적으로 생기고 개인마다 차이가 있어.

첫 번째, 유전적 원인. 알코올 중독 환자의 자녀가 일반인 자녀에 비해 4배 이상 중독에 빠질 위험성이 있고, 가족 중 알코올 중독자가 있으면 조기에 발병할 수 있으며 심할 경우 합병증을 유발하기도 해.

두 번째, 신체적 요인. 알코올 성분에 적응한 신체가 지속적으로 음주를 요구하게 되어 알코올에 대한 내성과 의존을 증가시키지.

세 번째, 심리적 요인. 주위 환경의 변화로 인해 우울증과 자기 파괴적 심리를 피하거나 불안함과 열등감을 잊기 위해 계속 술을 마시기도 해.

네 번째, 사회적 요인. 음주에 대한 관대한 문화와 술을 권하는 사회적 분위기 그리고 술을 쉽게 구할 수 있는 생활여건도 한 몫하지.

알코올 중독의 진행단계

1단계 초기단계	2단계 진행단계	3단계 위기단계	4단계 만성단계
술을 마셔 해방감을 얻고 주량과 횟수가 계속해서 증가	술을 계속해서 마시며, 음주에 대한 죄책감이 커짐	음주 조절 능력의 상실과 금단증상이 발생하고 공격적인 행동과 언행의 변화가 생김	매일 술을 마시고 장기간 술에 취해 있으며 성격과 사고력 장애가 생기고 심각한 정신적 증세가 나타남.

마약중독에 대해서도 알아볼까. 마약중독은 정신적, 신체적 의존이 강한 약물을 남용하여 중독에 이르는 상태를 말해. 대표적 마약으로는 아편과 헤로인, 코카인, 필로폰, 엑스터시, 대마초 등이 있어.

안전아, 마약중독은 왜 발생하는 걸까?

마약중독의 원인으로는 유전적 요인이나 성장기 외상경험 같은 개인적 요인, 우울증과 같은 정신장애 등 다양한 원인이 있을 수 있어.

그럼 마약중독이 어떻게 진행되는지 알아보자.

마약중독의 진행단계

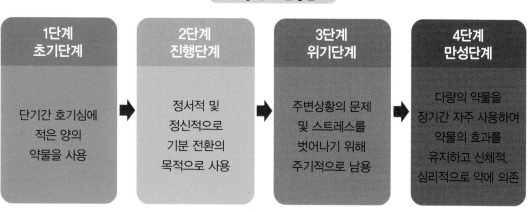

1단계 초기단계	2단계 진행단계	3단계 위기단계	4단계 만성단계
단기간 호기심에 적은 양의 약물을 사용	정서적 및 정신적으로 기분 전환의 목적으로 사용	주변상황의 문제 및 스트레스를 벗어나기 위해 주기적으로 남용	다량의 약물을 장기간 자주 사용하여 약물의 효과를 유지하고 신체적, 심리적으로 약에 의존

그럼 마약중독을 치료하기 위해서는 어떻게 해야 하는 거지?

심한 금단증상과 신체적인 문제가 발생하게 되면 반드시 입원치료를 해야 되고 약물치료로 다양한 정신적인 증상을 억제해야 하며, 정신치료와 인지행동치료, 동기강화훈련 등 환자에 맞는 재활치료를 해야 해.

안전아, 담배도 중독이지? 왜 안 좋은 담배를 계속 필까?

담뱃잎에 많은 니코틴 성분이 정신적, 신체적으로 안정감을 주는 효과를 나타내. 하지만 마약인 마리화나보다 중독성이 더 높고 오랫동안 필수록 더 심해지지.

담배 한 개비에는 엄청나게 많은 유해물질이 들어있다던데….

설마 유해물질이 많이 있는데 어떻게 사람들이 필 수 있겠어?

담배 한 개비에는 지금까지 밝혀진 69종의 발암물질과 4000여종의 화학물질, 그리고 10만종 이상 알려지지 않은 물질이 들어있지.

뭐라고, 이 작은 담배 한 개비에 나쁜 물질이 그렇게 많이 들어 있다고?

특히 담배에는 대표적인 3대 유해물질이 들어있어!

3대 유해물질
1. 타르 : 발암물질
2. 니코틴 : 강한 중독물질
3. 일산화탄소 : 산소 결핍 물질

예전에 아빠가 금연하실 때 금단증상 때문에 많이 힘들어 하셨던 게 기억나!

금단증상을 잘 이겨내야 니코틴 중독에서 벗어날 수 있어. 그럼 대표적인 금단 증상에 대해 알아보자.

대표적인 금단 증상
1. 우울증과 불면증이 생기고 불쾌한 기분이 든다.
2. 불안감이 들며 분노와 좌절 그리고 예민해진다.
3. 집중력이 저하되며 안절부절못한다.
4. 심장 박동수가 감소되며 식욕 및 체중이 증가한다.

무엇보다 흡연 욕구가 생길 때마다 심호흡을 하거나 운동이나 산책, 물 마시기, 양치질 또는 껌을 씹는 것이 좋은 방법이다.

다음으로 카페인 중독에 알아볼까?

카페인은 커피에만 들어 있는 줄 알았는데, 초콜릿에도 들어 있다니….

초콜릿뿐만 아니라 녹차는 물론 두통약과 종합감기약, 케이크, 자양강장제, 커피 맛 우유, 홍차와, 우롱차, 코코아, 콜라 등 많은 제품에 들어 있어.

녹차 두통약 커피 맛 우유 초콜릿 콜라

내가 좋아하는 콜라에도 카페인이 들어 있어?

안전아, 카페인이 우리 몸에 어떤 영향을 미칠까?

카페인 섭취로 인한 부작용에 대해 설명해 줄게.

카페인 섭취로 인한 부작용

❶ 혈압이 높아지므로 고혈압 환자는 자제 필요.
❷ 칼슘과 철분 흡수를 방해해 골다공증 유발.
❸ 혈액 속 칼륨 수치를 떨어뜨려 근육마비 유발.
❹ 심장에 무리를 주어 심장마비 유발 가능.
❺ 신체리듬이 흐트러져 불면증 유발.
❻ 방광 근육을 자극하여 방광염 유발 가능.

하루에 카페인은 얼만큼 먹어도 되는 걸까?

카페인의 1일 섭취량

어린이
2.5mg 이하

청소년
125mg 이하

성인
400mg 이하

임산부
300mg 이하

카페인의 1일 섭취량을 보면 어린이는 체중 1kg당 카페인 2.5mg 이하를 섭취해야 되면 청소년은 125mg(체중 50kg 기준) 이하, 성인은 400mg 이하, 임산부는 300mg 이하를 섭취하여야 해.

안전아, 그러면 우리 어린이들이 카페인 섭취를 줄이려면 어떻게 해야 할까?

우선 가공식품을 줄이고 채소나 과일을 많이 먹어야 해. 간식을 고를 때는 카페인 함량을 확인하고, 초코 우유보다는 흰 우유를, 탄산음료보다는 물을 섭취하는 게 좋아!

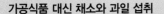

가공식품 대신 채소와 과일 섭취

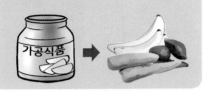

가공식품 ➡

카페인 함량 확인

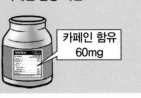

카페인 함유 60mg

초코우유 대신 흰 우유

초코우유 ➡ 흰우유

탄산음료 대신 물 섭취

콜라 ➡ 물

그래, 나도 내일부터 카페인이 든 간식을 줄이겠어.

진지

잠시 후

어, 그런데 뭘 먹고 있는 거야?

깜짝

응? 아, 아무것도 아냐!

스윽

뭐야, 이제 카페인이 든 과자는 안 먹는다면서! 안전이 보고 있다.

그래, 내일부터 안 먹는다고 했지. 그리고 과자는 남기는 게 아냐!

벌컥

우걱

SAFE

초코맛 스낵

초코과자

우걱

멀뚱 멀뚱

너무 많이 먹었나 봐!

재난대처방법 중독안전

알코올 중독 예방

① 활동적인 취미 생활을 가지고, 알코올 중독에 빠졌다고 판단되면 전문적인 중독 치료 센터를 찾아야 한다.

② 술을 자주 마시면 내성이 쌓이므로 자제하고, 만약 술을 마시고 싶을 때면 술로 인한 실수를 떠올린다.

마약(약물)중독 예방

① 예방프로그램 교육으로 마약의 위험성을 알리고 유혹을 단호히 거절한다.

② 약품 오남용을 해서는 안 되고 올바른 구입과 사용이 필요하다.

③ 마약(약물)중독에 빠졌다고 생각되면 주위에 적극 도움을 요청한다.

④ 확인되지 않은 약품은 먹지 않으며, 여가활동과 운동으로 기분 전환을 한다.

니코틴 중독 예방

❶ 호기심에 흡연을 시작하지 말아야 하며 흡연하는 곳을 멀리한다.

❷ 시계를 보며 금연 연습을 하고 흡연 욕구가 생기면 다른 일에 몰두하거나 취미 활동 및 운동을 한다.

❸ 금연 시 금단 증상과 흡연 욕구를 줄이기 위해 심호흡을 하고, 물을 자주 마시며, 야채나 무가당 껌, 은단 등을 씹는 것도 좋다.

❹ 금연하는 목적과 이유를 기록해 두고, 담배를 잊기 위해 샤워나 목욕을 하는 것도 좋은 방법이다.

카페인 중독 예방

❶ 유산소 운동과 근력 운동으로 중독을 이겨 내고, 평소에 물을 자주 마신다.

❷ 규칙적인 생활과 충분한 숙면을 취하고, 카페인으로 잠을 깨는 것을 삼가한다.

재난지식 노트 ······

담배는 정말
백해무익하지요!

흡연이 인체에 미치는 영향 ☆ 꼭 기억하자!

출처: 보건복지부(금연길라잡이)

눈
백내장, 눈물과 깜빡임,
따가움, 실명

뇌, 신경계
백내장, 눈물과 깜빡임,
따가움, 실명

귀
중이염, 난청

코
부비동, 만성 비부비동염,
후각손상

심장
죽상경화증,
관상동맥 질환

치아
치주질환, 치석, 변색,

피부
주름, 조기 노화, 건선

구강
인후염, 입냄새,
미각손상

골격계
류마티스 관절염, 허리통증,
골다공증, 고관절부 골절

폐
만성기관지염, 호흡기 감염,
만성쇄성 폐질환, 폐기종

손
혈액순환 장애,
말초혈관 질환

가슴과 배
조기복부 기흉,
헬리코박터 파일로리균
복부대동맥류, 소화성 궤양

남성 생식기
남성 성기능 장애

다리, 발
심부정맥혈전증, 냉족,
죽상동맥경화,
말초혈관질환

순환계
버거씨병

여성 생식기
불임, 조기 폐경,
조기 난소부전,
자궁외 임신, 생리통

6-2 행위중독

미세먼지 때문에 집에만 있다가 오랜만에 밖에 나오니 너무 좋다.

이 최신 게임 재미있네.

응?

너는 하루 종일 스마트폰만 보고 지겹지도 않니?

오랜만에 밖에 나왔는데 좀 운동 좀 하고 그래.

어, 그래!

에휴~, 내가 포기했다.

요새, 스마트폰 중독자 수가 증가하고 있는데 너도 그중 한 명이겠구나!

뭐, 이번에는 스마트폰 중독!

안전이에게 잘 배워 스마트폰 중독도 벗어나렴!

저번에는 물질중독에 대해 알아봤는데 이번에는 스마트폰 중독을 비롯한 행위중독에 대해 알아보자.

스마트폰 중독

스마트폰의 과도한 사용으로 일상 생활에서 사회적, 신체적, 정신적 장애를 초래한 상태를 말하는데, 특히 더 많이 사용해야 만족을 느끼게 되는 내성과 사용을 하지 않으면 불안과 초조한 금단 현상이 일어납니다.

나도 저번에 핸드폰이 고장 나서 하루종일 불안하고 초조했던 거 같아.

안전아, 스마트폰 중독에 대해 자세히 좀 설명해 줄래?

그래, 잘 들어봐!

스마트폰 중독의 특성

❶ 스마트폰을 계속해서 사용하게 되어 나중에는 내성이 생겨 쉽게 만족하지 못한다.

❷ 스마트폰이 없으면 불안하고 초조한 금단증상이 나타난다.

❸ 현실보다는 스마트폰을 활용하여 인적 관계를 맺는 게 편하게 느껴진다.

❹ 주변 사람들과 마찰이 생기며 가정과 직장, 학교에서 문제가 발생한다.

출처: 스마트 쉼 센터(www.iapc.or.kr)

그럼, 스마트폰 중독에는 어떤 종류가 있지?

이 다섯 가지가 스마트폰 중독의 대표적인 종류야.

스마트폰 중독의 종류

❶ 모바일 게임 중독

❷ 모바일 앱을 끊임없는 받는 앱 중독

❸ 소셜네트워크서비스(SNS) 및 모바일 메신저 중독

❹ 모바일 성인용 콘텐츠 중독

❺ 정보검색 중독

출처: 스마트 쉼 센터(www.iapc.or.kr)

그냥 무심코 사용하는 게임이나 메신저도 중독이 될 수 있구나!

스마트폰 사용으로 발생하는 장애

디지털 격리 증후군
친구와 함께 있지만 각자 서로 스마트폰만 사용하며 스마트폰으로 대화할 땐 편하지만 직접 만나면 어색해 한다.

팝콘브레인
스마트폰 게임과 동영상으로 강하고 자극적인 내용에 익숙해져 약한 자극에는 무감각해지고 강한 자극에 반응하는 상태.

스마트폰 블루라이트
밤에 잠을 자지 않고 스마트폰을 사용하면 스마트폰에서 발생하는 빛인 블루라이트로 인해 멜라토닌이라는 수면유도 호르몬 분비가 억제하여 수면장애가 생긴다.

손목터널 증후군
스마트폰을 사용할 때 장시간 손목을 꺾는 등 무리하게 손목을 사용하게 되면 손과 손목에 저리고 통증이 심해지는 증상이 생긴다.

거북목 증후군
스마트폰을 오래 사용하게 되면 목은 거북이 모양으로 길어지고 장기간 지속되면 목뼈에 변형이 올 수 있고 통증이 발생할 수 있다.

스트레스 증후군
자신과 친분이 적거나 모르는 사람의 친구 요청이나 다른 사람의 반응에 스트레스를 받게 된다.

출처: 스마트 쉼 센터(www.iapc.or.kr)

게임중독도 있는데, 온라인 게임이나 스마트폰 게임 등으로 인해 가족과의 관계나 대인 관계가 안 좋아지고, 학업 성적과 회사 능률이 떨어지며 일상생활에 지장을 주는 걸 말해.

자신이 게임중독에 걸렸다는 걸 모를 수 있을 텐데 어떤 문제 있다면 게임중독으로 의심할 수 있을까?

게임 사용시간을 스스로 조절 못하거나, 게임으로 인해 가족과 회사, 학교에 문제가 생길 경우 그리고 현실과 사이버 공간의 구분이 어려워 문제가 발생할 때 의심할 수 있지.

다음으로 도박중독은 가족과 대인관계의 문제가 발생하고 사회적이나 법적으로 문제가 있지만 스스로 도박행위를 조절하지 못하는 것을 말하지.

안전아, 도박에 중독되는 원인은 뭘까?

대표적으로 개인적 요인과 유전적 생물학적 요인, 사회적 요인이 있지.

도박 중독의 원인

개인적 요인	스트레스 해소와 성장기 외상경험, 현실도피, 최초 도박시기 등
유전적 생물학적 요인	정신장애와 유전적 그리고 성별에 의한 요인 등
사회적 요인	도박에 대한 사회적 태도와 쉽게 접할 수 있고 합법화 요인 등

안전아, 도박중독 단계는 어떻게 나누어질까?

자, 잘 들어봐!

도박의 위험 단계

사교성 도박	위험적 도박	문제적 도박	병적인 도박
도박을 해도 돈과 시간을 조절할 수 있고 돈이 목적이 아닌 친목이나 오락으로 여김	점차 사교성 도박에서 문제가 생기는 도박 또는 병적인 도박으로 발전	가족과 대인관계가 나빠지고 경제적으로나 사회적으로 나빠짐	도박에 대한 통제력이 떨어지고 내성과 금단증상이 생김

도박은 처음부터 시작을 안 해야 되겠어.

이번에는 성 중독에 대해 이야기 해줄게.

성에 대한 중독도 있구나!

성 중독이란, 성적 생각이나 행동으로 인해서 일상생활에 문제가 발생하여 내성이 생기고 금단현상과 조절능력이 떨어지는 현상을 말해.

그럼 성 중독의 원인을 살펴보자.

성 중독의 대표적인 원인

성 교육의 부족	성호르몬의 분비로 성적인 호기심이 왕성한 사춘기에 접어들기 전에 올바른 성교육이 필요하지만 현실은 그러지 못하고 잘못된 정보에 노출되어있다.
어린 시절 상처와 학대의 경험	어린 시절에 상처나 학대를 받은 경험이 있을 경우 부정적인 자아를 형성하게 되며 성장 후에는 성 중독은 물론 다른 중독에도 빠지기 쉽다.
부모의 무관심	부모의 무관심으로 인해서 음란 동영상이나 사이트를 빈번하게 접속하고 성 문화에 쉽게 접하게 되면 성에 대한 잘못된 가치관이 생기게 된다.

이런 성 중독을 없애려면 어떻게 하는 게 좋을까?

무엇보다, 자기 자신의 의지뿐만 아니라 음란 매체 접촉을 피하기 위해 외부활동 시간을 늘리고 취미생활을 가지는 것이 좋지! 그리고 자신이 성 중독 증상이 보이면 전문가 상담을 받아야 해.

성 중독에서 벗어나는 방법

그렇구나!

다음으로 음식 중독에 대해서 알아보자.

아, 그건 내가 알 것 같아.

음식 중독은 음식 섭취로 쾌감을 느끼고 나중에는 내성이 생겨 배불러도 계속해서 음식을 많이 먹는 걸 말하지!

맞아, 정확히 알고 있구나!

척-

특히나 나트륨 함량이 많고 고열량, 고지방 음식은 다른 음식보다 쾌감을 자극시켜 섭취를 부추기고 음식 중독을 유발시키지.

소금   고열량   고지방

앗, 매일 내 머릿속에 햄버거가 생각나는 이유가 바로 음식 중독!

맞아, 피자, 탄산음료, 과자, 감자튀김, 아이스크림, 햄버거, 초콜릿 등 대체적으로 설탕이 많이 들어간 고지방, 고열량 음식들이야.

탄산음료   과자

이런 음식들을 먹으면 몸에도 많이 안 좋겠다.

당연하지. 갑자기 체중이 늘어나고 성인병은 물론 대인기피까지 생길 수 있지.

그럼 바로 음식을 끊어야겠네.

무작정 음식을 끊으면 역효과가 생길 수 있어. 서서히 식습관을 변화시켜 중독에서 벗어나도록 하는 게 좋아.

정말 음식중독도 한 번 빠지면 헤어나질 못하겠구나!

그래, 잘 새겨들으라고!

음식 생각을 안 하는 대신에 동영상을 보는 건 괜찮겠지?

그것도 좋지 않아!

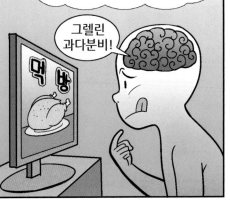

음식을 주제로 하는 방송을 보면 식욕을 촉진하는 호르몬인 '그렐린'이 과다 분비되어 뇌에서는 허기짐을 느끼게 되고 결국에는 먹는 것에 대한 스트레스를 받을 수 있지.

그렐린 과다분비!

결국은 보지도 말고, 생각도 하지 말아야 하는 거네!

그래 앞으로 햄버거나 피자 가게가 있으면 보지 않고 그냥 지나가야겠어!

오, 대단한 결단력이야!

불끈

어, 그런데 너 지금 어딜 가는 거야?

꿍 꿍

모, 모르겠어. 난 저쪽으로 가려 했는데, 뇌에서 이쪽으로 가라 하잖아!

넌, 코도 막아야 되겠구나!

꿍 꿍

재난대처방법 중독안전

스마트폰 중독

❶ 운전 중에는 사고의 위험성이 있으므로 절대로 스마트폰을 사용해서는 안 되며 스스로 경각심을 가져야 한다.

❷ 회사 일이나 공부에 집중하기 위해서는 스마트폰을 눈에 보이지 않게 다른 곳으로 치우는 게 좋다.

사용목적!

❸ 스스로 스마트폰을 사용하는 습관을 정기적으로 체크하고 스마트폰을 사용하기 전에 한 번쯤 사용 목적이 무엇인지 생각해 본다.

문자 왔어요.

❹ 스마트폰 메신저나 메시지 이용 횟수를 줄이고 즉시 답변을 안 줘도 괜찮다는 생각을 하도록 한다.

인터넷 중독

❶ 컴퓨터 사용시간을 정해서 사용하고 컴퓨터를 거실이나 공개된 장소로 옮겨 놓는다.

GAME
휴지통

❷ 부모가 먼저 모범을 보이고 컴퓨터에 설치된 게임 등을 지우고 취미생활 및 운동을 하는 게 좋다.

게임 및 도박 중독 예방

❶ 가족이나 친구와 함께하는 시간을 늘리고, 게임 시간을 정해 게임중독을 예방한다.

❷ 도박중독은 질병이라 생각하고 주위에 도움을 요청하며, 심한 도박중독의 경우 심리치료 및 병원치료를 받는다.

성 중독

❶ 성에 대한 생각을 줄이기 위해서 취미생활을 즐기고 집에 있는 것보다는 외부활동을 많이 하는 게 좋다

❷ 자신이 성에 대해 절제하지 못하는 심각한 성 중독자라고 생각이 들 경우 전문가의 상담을 받는 게 좋다.

음식중독

❶ 음식 섭취로 스트레스를 풀지 말고 다른 방법으로 해소를 해야 되며 일정한 수면을 취하는게 좋다.

❷ 혈당을 높이는 음식은 피하고 운동을 꾸준히 하며 잠자리에 들기 전에는 음식 섭취를 피하는게 좋다.

재난지식 노트

중독은 단순한 습관이나 의지라고 할 수 없어. 그걸 밝혀낸 실험에 관한 얘기지!

제임스 올즈와 피터 밀너가 뇌의 보상회로를 밝혀내다.

1950년대 초 신경과학자 올즈(Olds)와 밀너(Milner)는 중독에 대한 특정 행동이 뇌와 연관되어 있다는 것을 실험을 통해서 확인하였다. 그들은 실험용 상자 안에 쥐를 넣고 쥐의 뇌에 전기가 가해지는 부위를 각각 다르게 설치하였다. 쥐가 지렛대를 누르면 전기 자극을 받을 수 있도록 하였는데 대부분 쥐들은 전기 자극을 받을 때마다 깜짝 놀라는 모습을 보였다. 하지만 그중 한 마리가 특이한 행동을 보였는데. 그 쥐는 자기 스스로 전기 스위치를 천 번이 넘게 누르고 있는 것이었다.

이 실험을 본 연구진은 전기 신호를 받은 뇌의 부위가 쾌감을 느끼는 부분이라는 것을 알게 되었고 이 부위를 '쾌락중추' 아니면 '보상중추'라고 부르게 되었다.

중독, 아는만큼 해결할 수 있어!

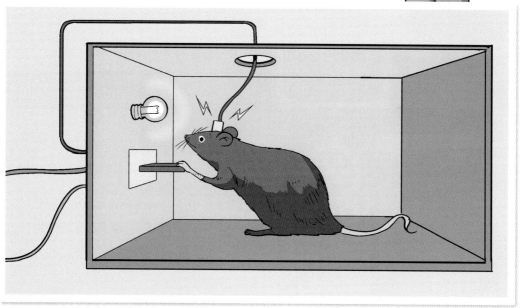

사람의 뇌에 있는 보상회로는 인간이 살아가면서 필요한 동기를 조절하는데 음식물 섭취나 종족의 보전 등 여러 가지 필요한 것들을 충족시킨다. 또한 보상회로에서 조건에 맞게 충족이 되었을 경우 쾌락과 비슷한 느낌을 받게 되고 도파민 분비가 이뤄진다. 뇌는 이 기분을 반복적으로 느끼게 하기 위해 유도하게 되며 뇌가 내성이 생기게 될 경우에는 중독으로 빠지게 된다.

야외활동 안전

야외활동은 계절에 상관없이 항상 조심해야 됩니다. 무엇보다 캠핑이 대중화가 되면서 캠핑 관련 사고가 늘어나고 있는데 캠핑사고란 야영지와 등산, 낚시 등에서 사고가 발생하는 것을 말합니다.

특히 2009년에 429건에 불과했던 야외활동 사고는 2011년에 3000건 가까이 폭증하게 되었습니다.

2009년~2016년까지 야외활동 사고 인명피해 현황

연도	2009	2010	2011	2012	2013	2014	2015	2016
발생건수 (단위: 건)	429	282	3004	4359	4247	2810	4088	3543
인명피해 (단위: 명)	422	235	2996	3908	4150	2599	3979	3510

출처: 행정안전부(재난연감 2009~2016)

캠핑사고는 대부분이 도시와 떨어진 외진 곳에서 발생하기 때문에 사고가 발생하면 구급대원이 오기 전까지는 당사자 스스로 치료를 해야 됩니다. 그러기 위해서는 구급상자를 가지고 다니고 화재가 발생하지 않도록 주의를 기울여야 하겠습니다.

특히 야외활동이 많아지는 5월부터 10월 사이 각종 사고도 많이 늘어나고 있으며 어린이 안전사고에 각별한 주의가 필요합니다.

한국소비자원에 따르면 2014년부터 2016년 3년간 야외 놀이시설과 스포츠 관련 시설에서 14세 이하의 어린이 안전사고가 6,438건이 발생하였고 7월에 803건으로 가장 많이 발생하였습니다.

2014~2016년 월별 어린이 안전사고 현황

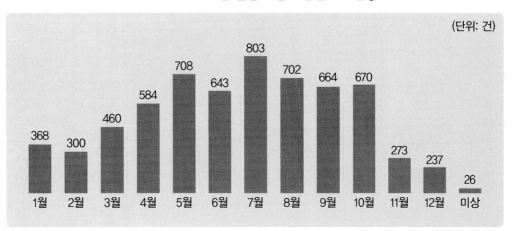

(단위: 건)

1월	2월	3월	4월	5월	6월	7월	8월	9월	10월	11월	12월	미상
368	300	460	584	708	643	803	702	664	670	273	237	26

출처: 행정안전부

어린이 안전사고는 놀이동산과 레저시설 그리고 캠핑장에서 대부분 발생하였고 영아기보다 활동량이 많은 취학기에 사고율이 높습니다.

특히 어린이들은 위험 상황에 대처할 수 있는 판단력이 부족하기 때문에 보호자의 주의가 필요합니다. 또한 어린이 놀이 시설을 수시로 점검하여 안전사고 예방에 관심을 가져야 할 것입니다.

⑦-1 캠핑안전

아빠, 여기에 텐트를 치면 괜찮을 것 같아요.

스 윽

내가 봤을 때는 야영지로 자리 잡기에는 별로인 것 같아!

네? 이렇게 넓고 좋은 자리인데요?

헉!

잘 보면 움푹 파헤쳐 진 곳이라 비가 오면 물이 고일 수 있지.

아, 그 생각을 못했네요.

우리 그럼 야영하기 좋은 장소와 그렇지 않은 장소에 대해 알아보자.

척-

야영하기 좋은 장소

습하지 않고 배수가 잘 되며 햇볕이 잘 들어오는 양지 바른 곳

평탄한 언덕에 바람이 불지 않는 곳

차가 야영장 근처까지 들어올 수 있고 비상 시 대피할 수 있는 건물이 있는 곳

하천이나 호수가 가까이 있는 안전한 곳

다음으로 야영지로 좋지 않은 장소에 대해 말해줄게.

네.

야영지로 좋지 않은 장소

여름철에는 집중호우와 장마로 위험할 수 있으니 물가를 피한다.

비가 온 후에는 절벽이 무너지고 산사태가 일어날 수 있어서 골짜기나 절벽은 피한다.

큰 나무 밑에는 돌풍으로 인해 나뭇가지가 부러질 가능성이 있고 벼락이 칠 수 있어 위험하다.

해충이나 모기가 많은 곳을 피하고 진흙이 있는 곳은 미끄럽고 더러워지기 쉽다.

야영지를 선택할 때도 주위 환경을 잘 확인하고 텐트를 설치해야겠네요.

그렇지!

아빠, 우리 밥부터 먹어요. 너무 배고파요.

꼬르륵

좋아, 아빠가 맛있게 고기를 구워줄게.

와~~~~

주르륵

아빠, 그런데 뭐하시는 거예요?

화로대 주변에 물을 뿌려 화재를 예방하는 거야.

야외에서는 항상 화재에 대비를 해야 되지.

맞아요. 잘못해서 큰 산불로 옮겨 붙으면 산림은 물론 문화재 등도 크게 훼손될 수 있어요.

하르르르

그러고 보니, 며칠 전에 산불이 번져서 큰 피해를 입었다는 뉴스를 봤었어요.

아빠, 그러면 야외에서 화재가 발생하는 원인은 어떤 게 있을까요?

화ㄹㄹㄹ

화로대 주변 물건으로 인해 발생하기도 하고, 장작에 기름을 뿌려 큰 화재로 번지기도 하지.

또한 휴대용 가스버너에 면적이 넓은 불판을 사용하거나 다 쓴 부탄가스통에 잔류가스를 제거하지 않고 버리면 폭발할 수 있어.

부탄가스

정말 불을 사용할 때에는 항상 조심해야겠어요.

맞아, 캠핑이 대중화 되면서 화재 또한 늘고 있고 사망하는 경우도 생기고 있지.

화ㄹㄹㄹ

캠핑에 나갈 때도 휴대용 소화기를 꼭 지참해야겠어요.

근데, 오, 오빠 발에…

왜 그래?

스르르륵

으악, 뱀이다!

으악, 어떡해 뱀이 내 다리를 물었어.

엄살은…. 그냥 지나갔어.

산을 오를 때는 뱀의 공격 등을 받을 수 있으니, 등산화나 발목 위까지 올라오는 신발을 착용하는 게 좋아.

만약 수풀로 인해 길이 안 보이면 지팡이로 헤쳐서 이동하는 게 안전해.

뱀은 너무 무서워!

뭐야, 이번에는 벌이야? 저리 가!

아마 머리에 뿌린 헤어스프레이 냄새를 맡고 온 거 같아.

내 앞에 나타나지 마!

쳇, 두고 보자!

다음부터는 헤어스프레이를 안 뿌리고 와야겠어요. 큰일날 뻔 했네.

헤어스프레이뿐만 아니라 향수나 화장품 등 강한 냄새를 맡고 찾아온단다.

또한 흰색이나 노란색과 같은 밝은 색 옷과 보푸라기나 털이 많은 옷을 피하는 게 좋지.

아빠 그러면 벌집을 발견하면 어떻게 해야 하나요?

무리하게 제거하지 말고 보호장구를 착용하며 분무기 살충제를 이용해서 벌집을 제거하고 만약에 제거가 힘든 상황이면 119에 신고를 하는 게 좋아.

근데 이게 무슨 소리지?

오빠, 벌들이 그 쪽으로 가고있어!

으악, 저리가!

윙-
위잉-

음~, 굉장히 향기로운 냄새군!!

아빠, 이럴 때는 어떻게 해야 되나요?

옷으로 얼굴을 가리고 바짝 엎드려서 움직이지 마!

휴~, 이러면 괜찮겠….

안녕!

난 캠핑이 싫어!

재난대처방법 야외활동 안전

캠핑 중 불 사용 시 주의사항

① 화로대 주변 인화물질을 제거하고, 주위에 물을 뿌려 화재를 대비한다.

② 강한 바람이 불면 화로대 사용을 자제해야 한다.

③ 장작에 휘발유나 등유를 뿌려 불을 붙이면 큰 불이 발생할 수 있어 매우 위험하다.

④ 휴대용 가스 버너 사용 시 넓은 불판은 사용하지 않도록 한다.

야영 중 취침 시 주의사항

① 취침 시에 밀폐 된 텐트 안에서 가스등이나 난로를 피우게 되면 화재 및 질식사고가 발생할 수 있어 위험하다.

② 가스등이나 난로는 끈 상태에서 반드시 텐트 밖으로 빼놓고 핫팻과 침낭 그리고 따뜻한 옷으로 체온을 유지한다.

재난지식 노트

등산 도중 길을 잃거나 조난을 당했을 경우

유명한 산은 이정표가 잘 되어 있어 길을 잃어버릴 일이 적지만, 그렇지 못한 발길이 드문 산에는 등산로가 뚜렷하지 않아 길을 잃기 쉽다. 만약 산에서 길을 잃었다면 어떻게 해야 할까?

(1) 등산 도중 길을 잃었을 때

- 주변의 지형이나 나침반을 이용하여 길을 찾거나 계곡 물을 따라 산 아래에 내려오는 방법도 있다.
- 우선 당황하지 말고 최대한 자신이 왔던 길을 기억하여 되돌아간다.
- 알 만한 장소가 있다면 자신의 위치를 파악하고 내려오는 방향을 선택한다.

(2) 조난을 당했을 때

- 119에 신고를 하고 구조대가 올 때까지 기다린다.
- 119에 연락이 안 된다면 물건을 두드리거나 큰소리로 외치고 흰 천을 흔들거나 손전등을 이용하여 조난신호를 알린다.
- 구조대가 올 때까지 옷을 입어 체온을 유지하고 비바람이 불면 피할 곳을 찾아 안전하게 기다린다.
- 등산을 하기 전에 가족에게 올라가는 시간과 하산하는 시간을 미리 말해 두는 게 좋다.

(3) 안전한 등산을 위한 준비

- 발목 손상을 예방하기 위해 등산화를 착용한다.
- 일기예보를 확인한 후에 출발한다.
- 맨손체조나 스트레칭, 평지를 5분~10분 정도 걸은 후 출발한다.
- 산행은 하루 8시간으로 하고 일몰 1~2시간 전에 내려온다.
- 체온이 떨어지는 것을 방지하기 위해 방수와 방풍이 잘 되는 옷을 입는다.
- 열량이 높은 초콜릿이나 육포, 사탕과 소금 등 비상식량을 챙긴다.
- 손전등과 나침반, 지도, 구급약 등을 준비한다.

산을 얕봐선 안 돼!

7-2 계절별 야외활동

휘잉

어, 내 손수건.

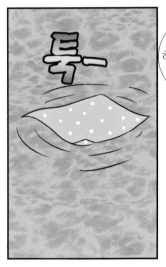

톡―

이게 뭐야.
하필 물에 떨어지면
어떡해!

저벅

저벅

첨벙

으악!

살려 주세요.

!!

뚝―

뚝―

무슨 일이야!

큰일 날 뻔했네.

갑자기 물이 깊어져서
너무 놀랐어요.

계곡은 수심이 갑자기 깊어질 수 있어 조심해야 돼.

맞아요. 여름철에는 물놀이 사고가 많이 발생하는 것 같아요.

여름에 물놀이 사고가 많이 발생하는 것처럼 계절에 따라 주의할 안전사고가 있지.

아빠, 계절에 따라서 야외에 어떤 위험 요소가 있는지 알고 싶어요.

봄 야외활동 안전부터 알려줄게.

봄 야외활동 안전

겨우내 얼어붙은 땅이 녹으면서 지반이 약해져 낙석과 붕괴 등 해빙기 안전사고 위험이 크다.

날씨가 따뜻해져서 꽃도 피고 곤충들의 활동이 늘어나는데 풀 속에 들어가면 벌레에 물리거나 위험한 동물과 마주칠 수 있어서 조심하여야 한다.

봄이 되면 꽃가루와 미세먼지 그리고 황사가 심해지기 때문에 알레르기가 발생할 수 있으므로 외출 시 마스크를 꼭 착용하여야 한다.

봄에는 일교차로 인해 안개가 자주 발생하고 아직 눈이 남아있는 산간지대는 빙판길을 조심해야 한다. 그리고 건조한 날씨로 인해 산불 발생 위험이 크다.

자, 다음으로는 여름철 야외활동 안전에 대해 말해줄게.

여름에는 활동이 많은 계절이라 신경써야 될 부분들이 많이 있을 것 같아요.

그렇지, 특히 여름철 야외활동을 하다보면 생각지도 못한 사고가 발생할 수 있어. 그러니 잘 들어보렴.

여름 야외활동 안전

뜨거운 폭염으로 온열 질환인 일사병과 열사병에 주의를 하여야 하는데 야외활동 시 그늘진 곳에서 활동하고 충분한 수분을 보충해주는 것이 좋다.

피부가 자외선에 노출되면 피부가 노화가 되고 기미와 주근깨가 생긴다. 자외선이 강한 날에 는 자외선 차단제를 꾸준히 발라주는 게 좋다.

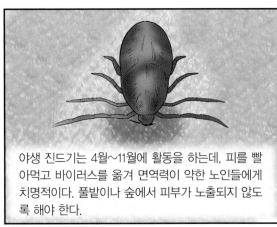

야생 진드기는 4월~11월에 활동을 하는데, 피를 빨 아먹고 바이러스를 옮겨 면역력이 약한 노인들에게 치명적이다. 풀밭이나 숲에서 피부가 노출되지 않도 록 해야 한다.

물놀이 중에는 여러 가지 안전사고가 발생할 수 있다. 반드시 안전 수칙을 따르고 안전 장 구를 충분히 갖추는 게 좋다.

산행 전에 기상정보와 산행코스 및 소요되는 시간을 잘 숙지하고 해가 짧아서 하산은 한두 시간 일찍 내려오는 게 좋다.

산행을 할 때는 지정된 등산로로 이동을 하고 풀뱀에 물릴 수 있으므로 숲풀을 피하고 두꺼운 신발을 착용하여야 한다.

벌을 자극할 수 있는 향수나 헤어스프레이, 화장품 사용을 자제하고 밝거나 화려한 옷은 삼간다.

예초기 작업을 할 때는 보안경과 장갑, 장화, 긴 옷은 필수로 착용하고 예초기 칼날 부착 상태 등을 점검한다.

마지막으로 겨울철 야외안전에 대해서 말해줄게.

박사님 이건 제가 설명할게요.

응, 그래주겠니.

윙~

윙~

겨울 야외활동 안전

운동 전에 스트레칭을 충분히 하여 부상을 방지하고 가능한 실내에서 운동하는 게 부상 위험을 줄일 수 있다.

주머니에 손을 넣지 않고 바닥을 잘 살피며 보폭을 좁게 걷고 미끄럽지 않고 굽이 낮은 신발을 신어야 한다.

폭설이 내리는 날에는 대중교통을 이용하고 자가용은 자제하는 게 좋다.

저체온증을 예방하기 위해서 옷을 여러벌 겹쳐 입고 노출부위를 최소화하기 위해 목도리와 장갑 등을 끼는게 좋다.

계절별로 조심해야 될 상황들이 많이 있구나.

당연하지.

오후가 되니 햇볕이 뜨거워지는데.

쨍 —

쨍 —

자외선 때문에 내 얼굴이 노화가 되겠어.

안 되겠다.

후다다닥

어디가?

쟈

안

오빠, 내 썬 크림을 다 바르면 어떡해!

으악! 미안, 바르다 보니 이렇게 됐어.

퍽

퍽

퍽

재난대처방법 야외활동 안전

물놀이 상황별 대처요령

☑ 해안에서 수영을 할 때

❶ 큰 파도에는 깊이 잠수하는 게 안전하며, 혹시 파도에 휩쓸렸다면 파도에 몸을 맡기고 기다리면 저절로 수면 위로 떠오른다.

❷ 밀물과 썰물 때를 잘 알아두고, 깊은 곳은 검게 보이니 조심해야 한다.

☑ 수초가 감겼을 때

❶ 발이 수초에 감겼다면, 팔과 다리를 서서히 움직여 풀며 물 흐름이 있으면 그대로 몸을 맡겨 수초가 헐거워졌을 때 푼다.

❷ 수초가 발에 감겼다고 해서 발버둥 치면 더 감기므로 여유를 가지며 부드럽게 수직으로 몸을 움직여 빠져 나오도록 한다.

☑ 물놀이 중 경련이 일어날 때

 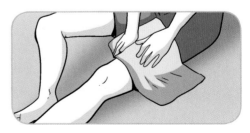

❶ 경련이 일어나면 몸을 둥글게 오므려 물 위로 뜨게 하고 숨을 들어 마셔 물속에서 경련이 일어난 쪽 다리 엄지발가락을 꺾어 당긴다.

❷ 경련이 가라앉았다면 그곳을 마사지 하면서 육지로 이동한다. 육지에 도착하면 수건에 따뜻한 물에 적셔 근육을 감싼다.

재난지식 노트 ·········

바다에 가면
해파리를 조심하자!

우리나라에 출현하는 대표적인 독성 해파리   ☆ 꼭 기억하자!

우리나라에 출현하는 해파리는 20여종이 되지만 그 중에서 독성이 있는 해파리는 보름달물해파리, 노무라입 깃해파리, 야광원양해피리, 유령해파리, 입방해파리, 작은부레관해파리, 커튼원양해파리 등이 있다.

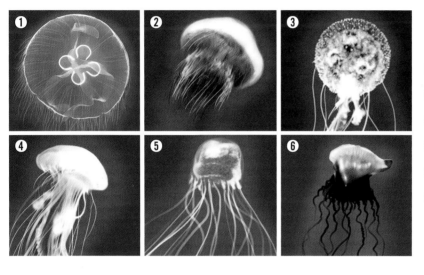

① 보름달물해파리

② 노무라입깃해파리

③ 야광원양해피리

④ 유령해파리

⑤ 입방해파리

⑥ 작은부레관해파리

해파리에 쏘이면 나타나는 증상

독성 해파리에 쏘이면 오한과 발열, 통증 및 근육마비가 발생하고 만약 응급처치를 받지 못하게 된다면 신경 마비와 호흡곤란 증상이 발생할 수 있다.

해파리 접촉을 피하는 방법

출처: 해양환경관리공단

❶ 죽은 해파리를 만져서는 안 된다.

❷ 신발을 신지 않은 상태에서는 가급적 해변을 걷지 않는다.

❸ 해안가에 거품이나 부유물이 많고 바닷물 흐름이 느린 곳에는 해파리가 모여 있을 가능성이 크므로 해수 욕을 삼가한다.

❹ 국립수산과학원 홈페이지(www.nfrdi.re.kr)에서 해파리 위험 지역을 미리 확인해 대비한다.

❺ 해파리가 자주 출몰하는 해안가는 가지 않는 게 좋다.

야외활동 안전 ★ 7-2 계절별 야외안전 ★ 201

⚠️⑧ 스포츠 안전

현재 우리는 기술의 발달로 편리한 생활을 누리지만 우리 건강에는 좋지 않은 영향을 미치고 있습니다. 특히 식생활의 변화와 운동 부족으로 각종 성인병에 노출되어 있습니다.

그래서 많은 이들이 웰빙과 건강에 관심을 갖고 스포츠를 즐기는 사람이 늘어났습니다. 하지만 스포츠를 즐기는 인구가 늘어난 만큼 부상도 증가하고 있습니다. 문화체육관광부 조사 결과 생활체육에 참여한 절반 이상이 부상 경험이 있다고 합니다.

2015 스포츠 안전사고 실태조사

생각보다 많은 사람들이 부상 경험이 있는데요. 부상은 원인도 다양하고 치료비 또한 만만치 않습니다.

스포츠 부상 경험률과 부상률이 높은 종목

부상 미경험

부상 경험 57.3%

축구	격투기	검도	스노보드	농구
71.3%	66.7%	66.7%	64.6%	64.5%

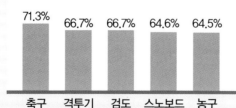

출처: 문화체육관광부 '2015 스포츠안전사고 실태조사'

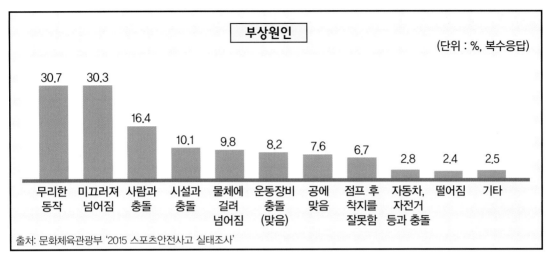

부상원인

(단위 : %, 복수응답)

- 무리한 동작: 30.7
- 미끄러져 넘어짐: 30.3
- 사람과 충돌: 16.4
- 시설과 충돌: 10.1
- 물체에 걸려 넘어짐: 9.8
- 운동장비 충돌(맞음): 8.2
- 공에 맞음: 7.6
- 점프 후 착지를 잘못함: 6.7
- 자동차, 자전거 등과 충돌: 2.8
- 떨어짐: 2.4
- 기타: 2.5

출처: 문화체육관광부 '2015 스포츠안전사고 실태조사'

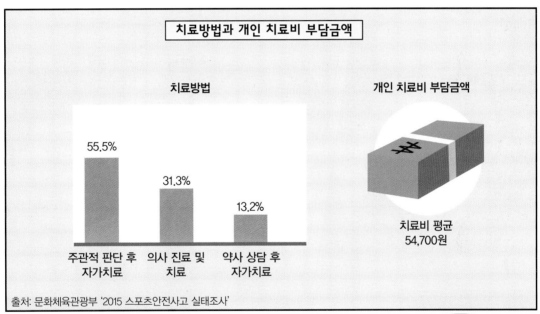

치료방법과 개인 치료비 부담금액

치료방법

- 주관적 판단 후 자가치료: 55.5%
- 의사 진료 및 치료: 31.3%
- 약사 상담 후 자가치료: 13.2%

개인 치료비 부담금액

치료비 평균 54,700원

출처: 문화체육관광부 '2015 스포츠안전사고 실태조사'

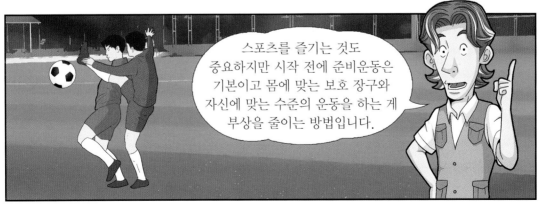

스포츠를 즐기는 것도 중요하지만 시작 전에 준비운동은 기본이고 몸에 맞는 보호 장구와 자신에 맞는 수준의 운동을 하는 게 부상을 줄이는 방법입니다.

8-1 실내스포츠 안전

하나

둘

크윽

쿵 쿵 쿵

응? 웬일이야, 네가 운동을 다하고?

헉 헉

나도 이제 몸짱이 되려고 하지! 하하하.

그렇게 쉬운 동작으로 어떻게 몸짱이 되겠어?

뭐라고? 좋아!

이야얍!

부들 부들

너, 너무 무리 하는 거 아냐?

어!

미끌

아얏!!

그렇게 무리하게
운동을 하면 다치잖아!

모든 스포츠는 안전을
유념하면서 즐겨야지.

팔굽혀펴기와 같은
맨몸 운동도 포함되나요?

당연하지.

그럼 우리 실내 스포츠
안전사고 원인에 대해
알아볼까?

먼저, 맨몸 운동
안전사고를 보자!

맨몸 운동 중 발생하는 안전사고 원인

스포츠 지도자의 무리한 지도와 주변 상황의 부주의로 사고가 발생하고 사고 발생 시 대처 교육 부족.

운동을 하기 전에 관절과 근육에 스트레칭을 하지 않으면 사고 위험이 크고 자신의 능력에 비해 무리한 운동으로 발생.

스포츠 활동 중 타인과 신체 접촉으로 사고가 발생하며 바닥이 미끄럽거나 뻑뻑하여 관절에 무리가 발생할 수 있다.

스포츠에 맞는 장비를 착용해야 되지만 부적절한 장비 착용으로 사고가 발생할 수 있고 2인 이상 스포츠에서는 상대방으로 인해 사고가 발생할 수 있다.

아빠, 이런 스포츠보다 권투처럼 서로 싸우는 운동이 더 많이 다칠 것 같아요.

그래 맞아. 투기 스포츠가 다른 운동보다 위험도가 크지. 가벼운 타박상은 기본이고 잘못하면 사망까지 이를 수 있단다.

그래서 항상 규칙을 지켜서 시합을 해야 하는 거지.

말 나온 김에 투기 스포츠로 인해 발생하는 안전사고 원인에 대해 알아보자.

투기 스포츠로 인해 발생하는 안전사고 원인

상대방 선수의 안전을 생각하지 않고 시합을 하며 상대방을 이기기 위해 비신사적이거나 고의적으로 해를 가하는 행동을 한다.

스포츠 활동 시 손상이 될 수 있는 부위에 대한 준비 운동이 부족하여 사고가 발생할 수 있다.

상대편 선수가 자신보다 기량이 뛰어나거나 낮은데 안전을 고려하지 않고 시합을 하게 되면 다칠 수 있다.

스포츠를 즐기는 시설이 미끄럽거나 붕괴 및 결함으로 다치는 경우가 발생할 수 있다.

실내 구기 스포츠로 인해 발생하는 안전사고 원인

안전에 신경 쓰기보다 이기는 것을 우선하다가 안전에 소홀해질 수 있고 지도자나 운영자에 대한 안전교육이 부족하다.

자신의 능력보다 무리한 활동을 하거나 운동을 시작하기 전에 충분한 스트레칭이 부족하면 사고가 발생할 수 있다.

스포츠 활동을 할 때 선수끼리 규칙에 어긋나는 행동을 하거나 해를 가하여 사고가 발생할 수 있다.

선수의 부주의 또는 체육관 장비와 사용 미숙으로 인해 사고가 발생하기도 한다.

아참, 아빠! 우리 반 친구는 실내 스케이트장에서 크게 다쳐서 입원까지 했어요.

혹시 스케이트를 탈 때 주의해야 할 상황은 어떤 게 있을까요?

스케이트를 탈 때는 넘어지는 일이 많이 있어서 항상 주의를 기울이며 타야 한단다. 그럼 스케이트 안전사고 원인에 대해 알아보자.

스케이트 스포츠로 인해 발생하는 안전사고 원인

자신의 능력을 과대평가하여 무리한 장비를 사용하거나 수칙을 무시해서 안전사고가 발생한다.

스케이트장 시설이나 장비로 인해 안전사고가 발생하며 사고 발생 시 대처 교육이 부족하다.

지도자나 운영자의 안전교육에 대한 인식이 적고 빙상특성을 알지 못하여 안전사고가 발생할 수 있다.

스케이트 운동을 하기 전에 스트레칭과 준비운동을 충분하게 하지 못하면 사고에 노출될 확률이 높다.

스포츠 안전사고도 발생 후에 후회하지 말고 미리 사고를 예방하는 게 중요한 거 같아요.

그렇지!

자기 능력에 맞지 않는 무리한 동작을 하면 너처럼 다치는 경우가 생기는 거야!

또 시비야!

호 호 호

좋아, 이제부터 나에게 맞은 운동을 해야겠어!

뭔데?

바로 이거야!

그래, 너한테는 그게 맞겠다.

그렇죠 아빠?!

재난대처방법 스포츠 안전

맨몸 운동 안전수칙

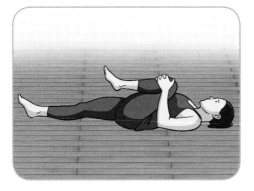

❶ 운동을 하기 전에 적합한 장비를 착용하고 자신에 맞는 레벨 동작을 해야 된다.

❷ 운동을 시작하기 전에 충분한 스트레칭과 준비운동을 해야 하며 안전사고를 대비하여 대처 방법을 미리 숙지한다.

❸ 운동 중 서로 충돌을 주의하며, 낙상을 대비하여 낙법을 익혀 두는 게 좋다.

❹ 운동 전에는 바닥상태를 확인하고 위험 요소가 있을 시 운영자 및 지도자에게 관리를 요청한다.

투기 스포츠 안전수칙

❶ 안전사고 발생을 대비하여 대처 방법을 미리 숙지하고 상대편과 충돌이 일어나지 않게 주의해야 한다.

❷ 운동 전 흡연과 음주를 삼가며 시작하기 전 준비운동과 스트레칭을 한다.

❸ 운동 중 공중으로 고난이도 동작이나 안무를 할 때 낙상이 생길 수 있으므로 낙법을 익힌다.

❹ 운동 전 자신의 몸 상태를 점검하고 무리한 경기 일정과 훈련은 피하며 항상 안전 보호 장비를 착용한다.

구기 스포츠 안전수칙

❶ 상대 선수에게 고의적으로 위험한 행동이나 반칙을 하지 말며 자신의 능력보다 무리한 행동을 하지 않는다.

❷ 운동 장비로 장난을 치는 행동을 삼가고 장비 사용법을 숙지한다. 그리고 사용을 한 장비는 반드시 제자리에 갖다 놓는다.

❸ 축구나 농구 등의 골대에 매달려 파손을 하는 행위를 해서는 안 된다.

❹ 운동을 시작하기 전에 충분한 스트레칭과 준비운동을 하고 시합 중에는 심판 판정을 존중해야 한다.

스케이트 스포츠 안전수칙

❶ 바닥에 넘어지면 크게 다칠 수 있으므로 항상 보호 장구를 착용하고 안전사고 대처방법을 미리 알아둔다.

❷ 스케이트를 타기 전에는 흡연이나 음주를 해서는 안 되며 준비운동을 하여 체온을 따뜻하게 한다.

❸ 스케이트 장은 온도가 낮아 항상 몸을 따뜻하게 유지하고 다른 사람과 충돌이 발생하지 않게 규칙을 지켜야 한다.

❹ 스케이트 날 등 장비를 가지고 장난치지 말아야 하며 항상 위험성을 인지하여 사용해야 한다.

이색 실내스포츠 종류

❶ 실내 클라이밍

암벽등반을 즐기는 사람들이 늘어났지만 안전상 이유로 접근하기 쉽지 않았다. 그래서 인공적으로 만든 바위로 스릴을 똑같이 느낄 수 있는 실내 클라이밍이 생겨났다.

클라이밍은 인공암벽에 손잡이를 달고 암벽을 오르는 스포츠이며 가벼운 체중과 균형 감각이 중요하기 때문에 여성들에게 더 적합한 운동이다. 또한 평소에 쓰지 않았던 근육을 쓰고 칼로리 소모량도 커서 다이어트에도 좋다고 한다.

❷ 실내 양궁장

우리나라 양궁은 세계 최고의 기록을 갖고 있지만 일반 사람들이 취미로 접근하기 힘든 스포츠였다. 하지만 최근에 실내 양궁장이 많이 생겨나 계절과 관계없이 즐기게 되었고 데이트 코스나 가족이 즐기는 장소로 인기가 많아졌다.

하지만 위험한 장비를 다루는 만큼 안전사고가 발생할 수 있으니 주의를 기울여야 하며 안전수칙을 잘 지켜야 할 것이다.

❸ 실내 인공 서핑장

서핑은 파도가 많은 해안과 날씨, 그리고 계절에 따라서 서핑의 여건이 달라 일반사람들이 배우기에 힘들고 전문 서퍼들도 자유롭게 즐기기에 힘든 여건이다.

하지만 실내 인공 서핑장이 생겨 4계절 날씨에 상관없이 서핑하기 좋은 파도가 만들어져 이제는 누구나 서핑을 즐길 수 있게 됐다.

212

❹ 실내 스크린 야구장

야구에 관한 관심이 높아지고 야구 관람객도 늘어난 추세지만 정작 일반사람들이 직접 해 보고 즐기기에 힘든 스포츠이기도 하다. 하지만 사계절 내내 날씨와 상관없이 실내 스크린 야구장이 생겨나면서 야구동호인은 물론 가족과 친구들끼리 재미있게 놀 수 있는 곳이 되었다.

❺ 실내 VR스포츠

최근 들어 VR기술이 발전하여 게임은 물론 교육 및 스포츠 등 많은 곳에서 활용을 하고 있다. 이런 현실을 방영한 듯, VR을 이용한 테마파크가 개장하였고 놀이 공간들이 늘어나는 추세이며 특히 VR스포츠실을 초등학교에 설치하여 날씨와 미세먼지 등 외부적 환경에 구애 받지 않고 실내 체육을 즐길 수 있는 학교도 생겼다.

❻ 실내 프리다이빙 스포츠

프리다이빙은 수중에서 누가 숨을 오래 참고 멀리 갈 수 있는지를 겨루는 수중 스포츠이다. 실내에서 즐기는 만큼 날씨와 계절에 상관없이 즐길 수 있으며 취미로 프리다이빙을 즐기는 일반인부터 프로 프리다이빙까지 누구나 손쉽게 즐길 수 있는 수중 스포츠이다. 하지만 숨을 참고 하는 수중 스포츠이므로 확실한 안전교육과 규칙을 지켜야 된다.

8-2 실외스포츠 안전

어, 헬멧도 안 쓰고 야구를 하네.

그렇네.

내 강속구를 쳐 보시지!

팍

어머, 어떡해. 얼굴에 공이 맞았어!

괜찮아?

으악!

으악, 내 머리!

너는 조용한 날이 없구나!

시끄러워! 아파 죽겠는데….

버럭

그러니깐 장비를 잘 착용하고 운동을 해야지.

SAFE

안전아, 저번에 아빠한테 실내스포츠에 대해서 알아봤는데, 오늘은 실외스포츠 안전사고에 대해 알려 줄래?

그렇지 않아도 말해주려고 했어. 그럼 실외스포츠 중에서 장비 스포츠 안전사고 원인부터 알려줄게.

장비 스포츠 안전사고 원인

❶ 경기에 참가하는 선수나 관리자가 장비를 미착용하거나 장비에 미숙하고 장비에 결함이 있으면 사고가 발생할 수 있다. 경기 중 주변상황을 보지 못해 부상을 당할 수도 있다.

❷ 자신의 능력 이상 무리한 동작으로 사고가 발생할 수 있고 승리에 집착해서 선수의 안전을 생각하지 않아 발생할 수 있다.

❸ 경기규칙에서 벗어나 상대방을 다치게 하는 행동을 하거나 지도자나 운영자가 안전교육이 부족하여 발생한다.

❹ 장비 스포츠를 시작하기 전에 충분한 스트레칭이 부족하면 팔꿈치나 어깨 등이 다치기 쉽고 장비 사용법을 숙지하지 않아 사고가 발생한다.

출처: 스포츠안전재단

구기 스포츠 안전사고 원인

❶ 자신의 능력보다 무리한 동작을 하지 말아야 하며 경기나 훈련 중 상황 인지 부족으로 사고가 발생할 수 있다.

❷ 경기 중 안전을 생각하지 않고 승리를 위해 과도한 행동으로 부상을 당할 수 있다.

❸ 경기 규칙을 지키지 않고 상대 선수에게 부상을 입히는 등 스포츠 정신에 어긋난 행동을 하거나 지도자 및 운영자에 대한 안전교육이 부족한 상태.

❹ 운동을 하기 전엔 충분하게 스트레칭을 하지 않거나 외부적인 환경과 날씨에 대비하지 않아 발생할 수 있다.

출처: 스포츠안전재단

레저 스포츠 안전사고 원인

❶ 레저 스포츠를 즐기기 전에 스트레칭 부족으로 사고가 발생할 수 있다.

❷ 레저 스포츠를 이용할 때 보호 장비나 시설물의 결함으로 사고가 발생할 수 있다.

❸ 레저 스포츠를 즐기다가 위험한 주변 환경을 인지 못하고 사고가 발생할 수 있다.

❹ 지도자나 운영자가 안전교육이 부족하거나 날씨의 영향으로 사고가 발생할 수 있다.

출처: 스포츠안전재단

재난대처방법 스포츠 안전

출처: 스포츠안전재단

장비 스포츠

❶ 운동 후 사용을 마친 장비는 제자리에 두고 예상치 못한 상황이 발생할 수 있으므로 항상 긴장감을 갖는다.

❷ 자신의 운동 능력 이상으로 무리하게 행동하지 말고 사고를 예방하기 위해서 보호 장구를 항상 착용하여 운동을 즐긴다.

❸ 심판 판정에 대해 존중해야 하며 운동 중에는 음주와 흡연을 하지 않는다.

❹ 장비를 다루는 스포츠는 손목과 어깨 등 관절을 많이 사용하기 때문에 준비운동을 충분히 하며 장비를 가지고 장난치지 않는다.

구기 스포츠

❶ 운동 중에는 상대방을 다치게 하거나 반칙을 해서는 안 되고 드리블과 슈팅을 할 때는 자신의 능력 이상의 행동을 하지 않는다.

❷ 운동에 맞는 보호 장비를 착용하고 심판 판정을 존중하며 골망이나 골대 등에 매달려 파손시키지 않는다.

❸ 운동 전에는 반드시 준비운동을 실시하여 몸이 다치지 않게 하며 운동 중일 때는 음주나 흡연을 하지 않는다.

❹ 운동 전에는 항상 날씨를 확인하고 공에 맞는 상황이 발생할 수 있으니 항상 주의를 기울여야 한다.

레저 스포츠 안전

❶ 스포츠를 즐기기 전에 날씨를 확인하고 적절한 복장으로 사고 발생을 대비하며, 대피 시설이나 대피로를 미리 알아 둔다.

❷ 스포츠를 즐길 때에는 스마트폰 등 시선을 흐트리는 물건 사용을 자제하고 사고를 대비하여 상비약을 준비한다.

❸ 장비 사용법을 완벽하게 숙지하고 장비를 가지고 장난을 치지 않는다. 그리고 운동 전에 자신의 몸 상태가 어떤지 체크를 한다.

❹ 스포츠를 즐기기 전에 준비운동을 실시하고 흡연과 음주는 절대 해서는 안 된다.

수중 스포츠 안전

❶ 수중 스포츠를 즐길 때는 반드시 정확한 기술을 익혀서 즐겨야 되며 수중에 들어가기 전에 안전사고에 대한 지식을 습득하여 대비를 해야 된다.

❷ 수중에 들어가기 전에는 반드시 준비운동을 실시하고 만약 수중에서 컨디션이 좋지 않다고 느껴질 때에는 바로 물 밖으로 나와 쉬도록 한다.

❸ 수중 스포츠를 즐길 때는 반드시 규칙과 지시사항을 준수하여야 사고가 발생하지 않는다.

❹ 자신의 실력을 과시하여 무리한 수준의 행동을 한다면 심각한 사고가 발생할 수 있다.

재난지식 노트

이색 레저 스포츠도
안전을 가장 우선하자!

이색 레저 스포츠 ☆ 꼭 기억하자!

(1) 플라이 보드

발에 부착된 장비에서 물을 분사하여 추진력을 얻고 노즐의 기울기를 조절하여 움직임을 조절한다. 이 노즐은 단면적이 좁아지면서 물의 강한 압력에너지가 속도에너지로 바뀌는 역할을 하는데 제트 스키와 연결된 호스를 통해 100마력의 강력한 수압의 힘을 공급받아 수면 위에 떠 있게 된다.

(2) 리버버깅

리버버깅은 여럿이 하는 래프팅과는 달리 개인이 급류스포츠를 즐기는 점에서 차이가 있다. 또한 단 시간에 습득을 하여 난이도가 높은 급류를 즐길 수 있다는 게 장점이다. 리버버깅을 즐기는 장소는 폭이 좁고 바위로 이루어진 계곡에 적합하기 때문에 50cm 수심에서도 즐길 수 있고 장비는 조립과 분해가 가능하여 가방에 넣어서 다닐 수 있어 휴대성이 좋다.

드론 레이싱

드론(Drone)의 뜻은 사람이 조정하지 않고 무선으로 조정이 가능한 소형 무인항공기의 총칭으로 몇 년 전까지만 해도 군사용도로 활동되다가 기술의 발전과 함께 각종 산업과 레저, 개인 취미생활 등 다양한 분야로 활용이 된 차세대 성장산업이다. 드론 레이싱의 인기는 이미 전 세계적으로 높아지고 있고 우리나라에서도 드론 레이싱 대회가 열리는 등 새로운 익스트림 스포츠로 각광을 받고 있다.

참고 자료

문헌

송창영, 〈재난안전 A to Z〉(기문당, 2014)

서울특별시〈우리 아이를 위한 생활 속 환경호르몬 예방 관리〉(2015년)

서울특별시 도시안전실 도시안전과〈생활안전길라잡이〉(2012)

관련 홈페이지

행정안전부(http://www.mois.go.kr)

한국소비자원(http://www.kca.go.kr)

한국소비자원 어린이 안전넷(https://www.isafe.go.kr)

국가법령정보센터(http://www.law.go.kr)

한수원 공식 블로그(https://blog.naver.com/i_love_khnp)

질병관리본부 국가건강정보포털(http://health.cdc.go.kr)

키즈현대(http://kids.hyundai.com)

식품의약품안전처(https://www.mfds.go.kr)

보건복지부(http://www.mohw.go.kr)

대한의학회(http://kams.or.kr)

미국 CPSC(소비자 제품 안전 위원회)(http://www.cpsc.gov)

통계청(http://kostat.go.kr)

중앙치매센터(https://www.nid.or.kr)

소방청 국가화재정보센터(http://www.nfds.go.kr)

한국전기안전공사(http://www.kesco.or.kr)

한국가스안전공사(https://www.kgs.or.kr)

산림청(http://www.forest.go.kr)

국제 암 연구기관(https://www.iarc.fr)

도로교통공단(https://www.koroad.or.kr/)

경찰청(http://www.police.go.kr)

서울교통공사(http://www.seoulmetro.co.kr)

국토교통부(http://www.molit.go.kr)

서울특별시(http://www.seoul.go.kr)

mecar(https://mecar.or.kr)

교육부(http://www.moe.go.kr)

과학기술정보통신부(https://www.msit.go.kr)

스마트쉼센터(http://iapc.or.kr)

해양환경공단(https://www.koem.or.kr)

문화체육관광부(http://www.mcst.go.kr)

스포츠안전재단(http://sportsafety.or.kr)

품격있는 안전사회 시리즈

❶ 자연재난 편

❷ 사회재난 편 상

❸ 사회재난 편 하

❹ 생활안전 편